U0015506

Alles Nur Konsum
Kritik der warenästhetischen Erziehung

不只是／消費

解構產品設計美學與消費社會的心理分析

著
德國卡爾斯魯爾設計學院教授
沃夫岡・烏利西
Wolfgang Ullrich

譯
李昕彥

我們消費的不只是商品，
而是品味、風格和生活主張

政治大學企管系教授 別蓮蒂　學學文創雜誌社社長 林孟葦
屏東大學文化創意產業學系副教授 賀瑞麟 ／

—推薦序—

一場關於消費與行銷的明辨

林孟葦

「Start With Why」，這是賽門．西奈克（Simon Sinek）在 TED 造成極大轟動，全球至今有超過兩千萬聽眾追隨的黃金圈理論。相信所有的行銷人都不陌生，在講說的影片中，畫了三個圓圈，比較了蘋果和其他電腦公司在賣3C產品時，行銷語言的差別。短短八分鐘，折服了連同我在內的，每天兢兢業業，不斷為產品在市場投入創新、差異化的工作者。當我們以問「為什麼」做為企畫產品的開端時，因為被信仰感召而聚集的消費力量，居然強大得令人啞口無言。回到為自己的產品、組織，在思索什麼是「Why」時，德國卡爾斯魯爾設計學院的沃夫岡．烏利西教授新著《不只是消費》為這個大哉問，提出了將文化批判、藝術理論、消費心理學熔為一爐的完整思考路徑。他以胡椒罐、沐浴乳、礦泉水、巧克力，這些再普通不過的日常消費品舉例，建構出有關消費文化的思維，行銷人可以一步步隨烏利西的抽絲剝繭，進入商品為什麼被這樣被那樣行銷的世界，然後，讓一些因「Why」開始思考，走到一半卡關的問題，得到清晰的導引。

行銷人可跟隨烏利西從新商品生成的「佈局」開始著墨，借由「隱喻」，形成「情境」。在情境設定完成之後，歌詠價值主張企業。消費者則由烏利西抽絲剝繭，看清楚自己的消費行為，深究「買」是在施打安慰劑還是讓快要被憂鬱淹沒的心靈找到一個救贖的機會。

當行銷廣告需要從「買到什麼」升級到「為何而買」的時候，作者指出了「佈局」的重要。烏利西以中國「買櫝還珠」的成語故事說明「包裝」之於產品的重要性，再用「提示管理」(Cue-Management)：不同感官刺激的調和與安排，強調企畫產品時必須投入的核心工作。產品的銷售特色，經過行銷企畫人員的有計畫的安排，符合順序，合理地喚醒消費者心中的感覺。烏利西以號稱來自南美瓜拉尼蓄水層的阿根廷瓶裝水品牌「歌濤水」（Gota）為例：「『歌濤水』的標籤上就出現一個難以想像的久遠時間，顯示該品牌的水源存在於大自然的蓄水層中已久，而任何人看到它居然源自兩百萬年前時，總是不由得肅然起敬。可是一想到他沒幾分鐘就把它喝光了，心裡就會覺得怪怪的，甚至感到良心不安。隨興的消費行為竟成了褻瀆行徑，而且人們為此感到愧疚。當然製造商也會想辦法讓這些人立刻免責。瓶身上的標籤會繼續描述，昂貴礦泉水的部分收入將用以協助貧窮國家開鑿井水，改善許多人的生存機會。如此一來，這樣的消費行為就會從良心不安變成心安理得。」烏利西認為，這是一個提示管理中，很成功的案例，巧妙佈局的結果，不但給消費者「我為什麼要喝這瓶水」的充分解答（因為這水可是儲存了兩百萬年的好東西）。更高的層次，則是產生了讓消費者關注生態與環保等重大社會議題的功能。

然後，產品企畫成為一種非常精細的設定過程，從上述的佈局中，營造或發展情境，讓消費者進入情境，產生購買行動。作者認為現在很多產品都能兼顧產品功能極大化，使用經驗情緒化的條件。日常用品的行銷設定就投注了大量的努力在鎖定強化各種使用情境，或誇大用品功能的效用，改變現狀的能力。他援引二〇〇二年，德國知名的媒體傳播理論學家伯爾斯（Norbert Bolz）在其著作《消費主義者宣言》中所述：以前的產品只是用來滿足需求，後來才要求具備誘惑力，現在的消費者則會要求說「改變我！」。

到了 web2.0 的時代，社群行銷成為顯學，品牌紛紛投入社群經營的行列，來自社群的消費者意見，經過互動的累積，成為商品企畫的另一個重要參考內容。加上智慧型手機的興起，拍照與分享是再也簡單不過的樂趣，商品的特色就這樣經過社群的傳播，產生令人意外卻不錯的效應。作者舉了 Moleskine 筆記本為例，擁有共同愛好的社群透過照片分享回應的模式，獲得肯定和鼓勵，逐漸從產品經驗中，架構出自有的描繪模式和標準，因此構成了一種新的業餘文化活動。因此，消費者產生了一種新興的勢力，他們不再只扮演商品美學的接收者，而是發起者的角色，從與商品虛構價值的層面看來，製造者和消費的分野就不再那麼清楚了。用社群行銷的語言來說，品牌在此刻，必須找出屬於品牌自己的「鐵粉」，進而規畫特定的品牌形象，在設定好的腳本中，與鐵粉共同發展。建立忠實消費者對品牌堅不可摧的信仰。

至於消費者呢，因為害怕能量喪失，高劑量安慰劑：「消費商品」變得不可或缺。這類屬於安慰劑的商品，在出版業所在多有，買了減肥書，就能催眠自己離纖瘦更近一步；買了英文學習書，就認為翻完書就能聽說流利、溝通無障礙。不同功能的書籍，被神性地化約成每個有需求的消費者有求必應的信仰。然後，我們每天的日常就進入了消費文化之中，心甘情願被品牌設定出的情境所框架，並樂此不疲。更甚者，竟還有人把消費當成憂鬱發作前夕的解藥，透過消費，恣意享受產品被設計的情境或隱喻，把心靈缺少的一個部分填滿，來完整人生。

我們來到了一個以消費為主軸，難以逆轉的時代，消費者可以選擇很清醒地接受企業行銷他們的產品，認同、接受並樂意於參與其中，也可以斷然抗拒這一切，從正義公理的角度，來批判令人不舒服的虛幻。行銷人必須竭盡所能製造隱喻、設計佈局、創造價值，才能在激烈的商業競爭中，產生差異，倍增自己的溢價能力。到底成為 Apple 還是 HTC？非關股價，這個簡單又困難的問題，經過烏利西引導有關消費的思索，是一次再清晰不過的明辨。

（本文作者爲漂亮家居雜誌社社長）

《不只是消費：解構產品設計美學與消費社會的心理分析》導讀

賀瑞麟

一、作者、本書題解與論述主題

本文的目的是要為讀者導讀《不只是消費：解構產品設計美學與消費社會的心理分析》這本書。在導讀之前，我們想先介紹一下本書作者、討論一下書名，和論述主題，再進一步對該書的論述結構做一導覽性的說明，最後再簡介各章的討論議題。

本書作者是德國藝術史和文化學研究者烏利西（Wolfgang Ullrich, 1967-迄今）；他主要的研究領域是哲學和藝術史。他於一九九四年得到博士學位，一九九七年和二〇〇三年，他在慕尼黑造型藝術學院擔任講師，之後在漢堡造型藝術學院和卡爾斯魯爾（Karlsruhe）藝術與設計學院擔任客座教授；在這段期間，他也接受了德國、奧地利和瑞士的一些教職。二〇〇六年以後，在卡爾斯魯爾藝術與設計學院擔任教授，二〇一四年以後擔任研究副校長一職。隔年，他辭去了教職，在萊比錫和慕尼黑生活，從事自由撰稿人的工作。[1]

他的著作很多，其中最重要的著作之一就是二〇一三年出版的《不只是消費：解構產品設計美學與消費社會的心理分析》（*Alles nur Konsum: Kritik der warenästhetischen Erziehung*. Wagenbach, Berlin 2013），就是我們現在要導讀的這本書。

首先就書名來看，本書原名直譯為「一切都只是消費」（Alles nur Konsum），副標題「商品美學教育批判」（Kritik der warenästhetischen Erziehung）。有三點要特別注意：一為「商品美學」，二為「教育」，三為「批判」。這個書名其實呼應了兩本書，第一本為豪格（Wolfgang Fritz Haug）的《商品美學批判》（*Kritik der Warenästhetik*），第二本為席勒的（Friedrich Schiller）的《論人類的審美教育書簡》（*Über die ästhetische Erziehung des Menschen*）[2]；至少從字面上來看，我們就可以明瞭，豪格所做的只是「商品美學批判」，席勒做的則是「美學教育」，而烏利西則是結合兩者的「商品美學教育批判」，這也正是本書的特點所在。當然，「批判」（Kritik）一詞的用法也不可以望文生意理解為「批評」或「指責」，而是應該理解為他們的先驅者康德（Immanuel Kant）最早使用這詞時所賦與的含意：「找出可能性條件」。所以「商品美學教育批判」就是為「商品美學教育」找出可能性條件，「批判」在這裡不是要「批評」商品美學教育如何不可能、如何不可行，而是要說明它何以可能。

那什麼叫「商品美學」？什麼又叫「商品美學教育」呢？

「商品美學」的「概念」（而非「名詞」）源起於亞當斯密和馬克思，他們將一個商品的「使用價值」和「交換價值」區別開來，「商品美學」的概念可以歸屬在「交換價值」這一類；透過這個區別，豪格首次使用「商品美學」這個「名詞」，他認為，經過商人與受雇於商人的文化藝術工作者的刻意包裝，商品不再以只以基本的功能滿足消費者的需求。相反的，為了刺激銷售量，不論透過外在的美麗的包裝（美），佐以各式各樣的感官體驗（感）[3]；商品不再只是具有使用價值的商品，而是具有誘騙形式的商品，一種

1 以上資料來自烏利西個人網頁（https://ideenfreiheit.wordpress.com/eine-seite/）和卡爾斯魯爾藝術與設計學院的學校網頁（http://kunstwissenschaft.hfg-karlsruhe.de/users/wolfgang-ullrich）。

2 關於豪格和席勒的部分，請見本書第一章。

3 美學（aesthetics）這個詞原意就是「感性學」，研究的對象主要是以「美」和「感」為主，參見，賀瑞麟，《今天學美學了沒》，台北：商周，2015，頁19-22。

「宰制的形式」，消費者其實是受到了操弄，因此，豪格的「商品美學批判」要討論的就是這種「操弄效用的可能性條件」[4]。一言以蔽之，豪格的立場不外就是：日常用品的製造商都在操弄群眾，並且因為其承諾不實的使用價值（說謊）而遭受指責，或者認定是一場經過策畫的騙局。

真的只是騙局嗎？作者烏利西並不這樣認為，商品有實用的功能，也有虛構的部分：「時下有許多產品不僅擁有功能，而且還有其意象……。他們因而也營造了情感、行為與情境，並且屬於一個想像的虛構世界，那個世界不只是童年幻想構成的：不管是在哪個層次上，這些產品的想像力功能和電影情節或小說角色一模一樣。」簡單地說，他認為除了「使用價值」之外，商品的「虛構價值」也是重要的，特別是在一個不缺衣食的「富裕社會」，這種虛構價值更形重要，這些虛構的價值，「或許還可以有正面的印象或刺激，甚至教育的功能」；這裡說的教育功能，不僅涉及業者對消費者進行的教育，也涉及消費者的自我啟蒙。因此，他要談的不是「商品美學批判」，而是「商品美學教育批判」。

這個論證就是從建立「虛構的價值」之重要性開始，之後才開始展開各章的議題。圖示如下：

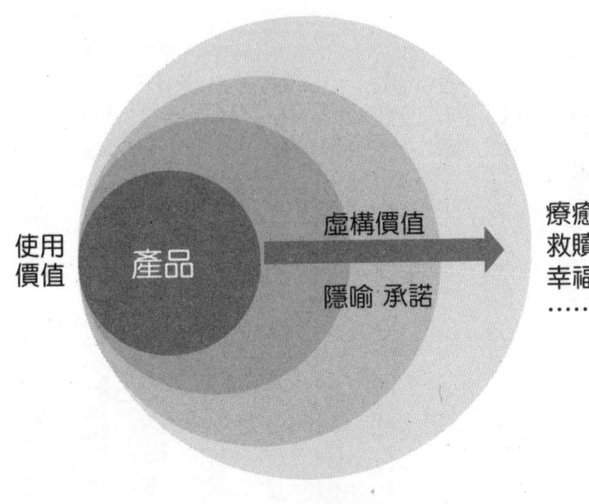

二、各章議題與論述要點

本書的內容，從「虛構的價值」開始，依次展開，共有九章：一、虛構的價值；二、產品推出的影響；三、情境法西斯主義；四、消費的多神論；五、消費成癮者；六、隱喻的道德；七、心安理得；八、消費的詩歌；和九、價值資本主義；除此之外，書末還有一篇謝辭，說明本書之源由並且感謝對本書出版有所幫助的人。由於導讀篇幅有限，我們無法詳述各章的枝節，只能說明主幹議題，分述如下：

4　參見本書第一章。

（一）虛構的價值

這一章起於現代人和前人主場的對比，引出了「反思」一詞，開始「反思」現代人的「消費文化」，而終於對「現代主義」的反思，算是首尾呼應。

主要的議題是在討論「虛構的價值」（Fiktionswerte）在商品中的重要性。所謂的「商品美學」所針對的也不外就是這類「虛構的價值」而已。

作者透過與左派馬克思、豪格等人的「商品美學」觀之對比，論述「虛構價值」的重要性；這章有許多很趣的地方，如透過藝術品和消費品的對比來談「宰制」的問題、指出豪格和柏拉圖藝術觀的親緣性、類比消費和閱讀等等，而幾個案例分析（如切利尼的「鹽窖」、烤吐司機和沐浴乳的網路開箱文分析），也具有啟發性。

最後作者指出商品美學教育的「詮釋學循環」（一方面：產品影響消費者，對消費者進行美學教育。另一方面：消費者反過來對設計者、生產者進行美學教育），算是本章的小結，也遙指第九章的論題。

（二）產品推出的影響

這一章從有名的中國寓言「買櫝還珠」（《韓非子‧外儲說》）談起，終於一種「典範轉移」，對製造商全程的透明化要求，指向了第六章和第七章的論題。

作者透過對於「買櫝還珠」的現代詮釋，闡明「包裝」的重要，之所以如此，是因為精心的包裝「指涉了更多意義」（亦即「虛構的價值」），這當中也涉及了「神經行銷學」所說的「多感官提升」，包裝盒觸動了更多的感官（珍珠只是看起來漂亮，而其光滑圓潤的外表也可以提供觸覺上的感受，不過珠寶盒上各式材質顯然在觸感上更加變化多端；尤其是那股薰香，更增添嗅覺的體驗）。之後，作者以礦泉水為例，說明包裝和多感官提升對於行銷的重要性：人們買它不只是用來解渴而已：人們購買的是付費飲料的附加意義；他們購買的是礦泉水個別特質的戲劇化，購買的是喝水的儀式化，正如各種瓶裝設計引發的聯想。但這過度「包裝」會引起環保的問題，就指向了第七章的議題。此外，行銷上的噱頭：把水隱喻為酒，固然為喝水營造了許多更具想像力的場景，也引發了使用「隱喻」的道德問題（隱喻的濫用與誇大），而這正是第六章要討論的議題；至於各種浪漫情境的營造，則指向下一章「情境的法西斯主義」。

（三）情境法西斯主義

這章一開頭就說人人都是時尚受害者，深怕跟不上時尚和流行，因此要隨著廠商不斷推出的新產品起舞。而這正是包曼的說法。作者隨即批評包曼的分析不太準確，且已過時。流行已非最主要的因素。重點在於「情境」。

情境與時尚之不同在於：時尚造成的是「替換」，過時即成了垃圾；而情境則是「延伸」，它反而造成了商機；不同的情境，需要不同的沐浴乳，反而創造了更多的商機，各種情境不會互相影響。

這也呼應第二章的內容。第二章的標題是「產品推出的影響」，原文是「Inszenierungsfolgen」，亦可翻譯為「導演的結果」；指的是所有的情境都是導演安排好的；為什麼心情平靜時要使用的沐浴乳和失戀時使用的沐浴乳不一樣，因為情境不同；誰來定義情境？說穿了就是行銷的手法和誇大的隱喻，一切都好像被導演安排好了一樣：「早在商店裡，這些東西就已經當起導演來了，也就是人們心裡正在播放的影片，想像為了家人、伴侶或好朋友下廚，因為廚藝精湛而受到讚賞，整個週末都可以耗在自己的廚房裡。廚具愈是與眾不同而專業，愈能產生充滿期待的未來想像」。

最後，作者是這樣說的：「消費文化不只是一套建構生活且有助於協助克服行為疑慮的『合宜性體系』，它是從強勢的產品推出發展出來的，說得極端一點，可以說是一種『情境法西斯主義』。只要個人沒有堅決反抗它的各種命令，就會淪為共犯。他們會在不同情境之間打轉，不停地購買流行的或昂貴的東西。儘管許多人覺得很刺激而且專業，卻總是會面對自己的空虛，因為身上總是少了一件配件，或者是不太搭配。」

（四）消費的多神論

這一章談到的是：消費產品擔任嚮導、教育及社會化之責任，使消費者對於情境敏感；此外消費產品將平凡的動作儀式化。作者認為畢竟消費文化的架構本身就是多神論：沒有任何消費商品和品牌是至高無上的，倒是很多產品都承諾能夠化腐朽為神奇，而且能提供一點救贖或意義。當人們藉由沐浴乳紓壓或是因使用體香劑而感到更加自信，都會認為那是商品美學的證明，甚至是設計師與廣告公司的緣故；相較之下，以前的希臘人卻會認為那是神明干預下類似膏油的作用。因此我們的消費文化其實就是一種多神論的架構，像希臘人那樣。在多神論的社會裡，我們會在眾多供給當中選擇對當下情況最有利的。

（五）消費成癮者

這章一開始就談到消費者面對行銷的態度，好似面對星座專家或拍馬屁的人，不信，卻也不排斥，甚至半信半疑；而結束於「消費成癮者」。

談論的主題，是迷信與消費的類比。迷信的對象：從馬蹄鐵轉向優格、冰淇淋等商品，就在這個類比之下，作者引用了一組重要的對比「安慰劑效應」與「反安慰劑效應」。

「安慰劑效應」出現在某種藥劑或治療方式產生效用的時候，其正面功效不是來自特定的有效成分，而是病患對其效用的信心。一片全糖製的藥丸可以止痛，醫生的觸診可以消除緊張，而許多報導裡的其他療法也號稱可以緩解甚或治療諸如帕金森氏症或憂慮症等重症。真的治好也不是藥物的客觀成分起作用，而是患者自己的信心。

同樣的，產品的承諾具有安慰劑效應，是產品設計與廣告的成果。通常產品的價格本身就具有安慰劑效應：與價位成正比，愈高價的商品，它的安慰劑效應更高，人們會相信它是有機的、環保的、通過認證的；而低價的商品原本是優勢，卻成了劣勢（因為沒有承諾），就具有反安慰劑效應。結果造成社會僵化：窮人只能買低價高品，卻又對該商品不信任（品質差、仿冒品），結果產品效果就不好。造成一個惡性循環。

這一章的標題「消費成癮者」，原文是「Spiegelkonsumenten」，可譯為「鏡子消費者」，作者意指的應該是：消費者是一面鏡子，反映出另一面；他是什麼等級就買到什麼樣的商品。

（六）隱喻的道德

這一章是從現代性與反現代性的對比來談誇大的「隱喻」所面臨的道德問題。為了因應現代性的窘境（枯竭），商品的訴求應運而生：能量。能量改以隱喻方式出現在行銷上：不只出現在原先的咖啡、卡路里產品上，也出現髮膠與體香劑，甚至單車安全帽和滑雪用具上。各種產品都標榜能量，這當然是一種虛構的情節，所以也會有危險。作者認為「一旦人們認識到，隱喻和情節對於知識、心理和生理狀態的影響有多麼強烈，可想而知，人們就會主張更嚴格而謹慎地看待這兩樣東西。雖然『能量的隱喻』對於企業而言可能是個利多，對於總體經濟和個體而言卻是很有問題的」。

消費品隱喻的形式不只一種，連「文化批判」和「反現代主義」也會變成商品訴諸的價值：「其他的產品不僅利用文化批判的觀點，甚至利用反現代主義的符號。使用該產品者可以證明自己還沒有被異化。因此支持文化批判守舊人士或同情者會樂於倡導自己提筆寫字，尤其是和個人有關的東西：日記、旅遊札記、抒懷和信件，而不要使用科技器材或電腦。同樣的，鋼筆和筆記本就會成了對抗機械化和匿名化的堡壘，成為代表個人創意的工具。」

（七）心安理得

這一章一開始就說，「有錢人不僅可以自我陶醉，也可以成為更有道德的人」。我們可以把它詮釋為「消費的政治正確性」。有錢的人不僅可以成為更健康的人（買有機產品、高品質產品），也可以成為更有道德的人，因為他們有能力購買公平交易的產品和環保產品。

「消費者不會質疑高價位的正當性，反而很弔詭地認定高價位代表做對了事。良知在此成了多付錢的直接回報；良知不僅是特定消費行為的結果，更成為人們買到的實際商品。近幾年來，幾乎沒有其他商品有這麼大的市場規模。許多品牌和整個產業都是為了良知而大量生產。規則則是：和沒有良知成分的產品的價差愈大，就愈有可能成為一個好人。」

又回到了上一章的話題：窮人幾乎沒有機會得到這種良知福利；這就好比中世紀「贖罪券」的概念：有錢的人可以買贖罪券贖罪。只要付得起錢，就可以心安理得，既對大自然心安理得，也對第三世界。

因為贖罪券的弊病，而產生了基督新教。在消費文化史上，會不會也有同樣的例子呢？「現在可能會出現一種消費上的基督新教精神，如果因為花錢買了產品就以為可以得到救贖，那在未來會顯得既荒謬、武斷又褻瀆。」（以尼爾・波茲曼為代表。）另外也有所謂的「反消費運動者」，他們反對任何意義和道德的商業化。雖然如此，如果它們變成了主流，作者認為反而會帶來更大的問題。因為作者認為「產品和社會療癒：它們不僅是滿足使用價值而已，我們必須承認，產品在維持秩序和詮釋方面的功能有多麼大。」

（八）消費的詩歌

這一章一開始就區分「政治的消費中產階級」和「美學的消費中產階級」，所謂美學的消費中產階級就是把「消費品當作詩，以之描寫各種體驗，表達情感」。熱中設計的消費者聚集在網路上，討論回應、表達感受；不過，大多數的消費者，還是透過上傳照片來表達看法。

消費者對於產品或品牌的自主行為愈來愈強。現代的消費者比以往更加強勢，他們不再只是商品美學的受眾，更是創作者。在自我意識高漲的消費中產階級文化中，至少就物件的虛構價值而言，製造者和消費者之間再也沒有嚴格的界線。由於網路的興起，消費者愈來愈時興公開自己的態度和情感，因此如果企業仍然想要壟斷對產品和品牌形象的詮釋，就會顯得不合時宜。

在這種狀況下，如果某品牌無法製造足夠的虛構特質，以致於使用者無法自動自發地產生連結，該產品就失敗了。「所謂的強勢品牌，就是除了購買者以外，更有許多支持者，他們以各種方式（尤其是照片）表達和特定產品的關係。這些照片就發揮了所謂『消費的詩歌』的功能。」

（九）價值的資本主義

本章一開始，作者就從哲學家維根斯坦的門把談起：維根斯坦為他的姊姊在維也納蓋了一棟房子。在興建過程中，一絲不苟，維根斯坦對於任何細節都不馬虎，他的標準高到讓許多原件的製造商必須採用新的技術才行：為了將門把直接裝上大門（而不用門把罩板），鎖匠必須以〇・一毫米誤差以下的精準度作業才行。

這樣的做法正好符合德國工藝聯盟的要求：一個「優良設計」。也就是第一章所說的符合物件的實用價值。但這卻不符合現代消費文化的要求：消費文化不要讓門把只是門把，房子只是房子，消費文化要讓物件具有新的意義，而且是誇大的意義（指回第一章的對比）。而意義的誇大，則涉及第六章的問題。

面對這種行銷方式，作者指出人們會有三種態度：第一種是「強烈的認同」：這是一般消費者的想法，他們相信這些行銷方式；安慰劑效應對他們有效。第二種是「抗拒」（由於自身道德的優越感）：這是那些「文化批判者」的想法，他們認為誇大不實是不適當的、不正派的做法，甚至有褻瀆的意味。他們覺得自己被嘲弄，被當作傻瓜出賣且利用。可是他們又覺得自己更優越，因為他們比其他消費者清醒，可以看穿惡劣的操弄把戲。第三種是「美感和知性」的態度：這類消費者一樣可以看穿那些誇大不實的策略，不過他們卻壓抑自己道德說教的反應；他們反而可以接受誇大的方式，覺得興味盎然。他們甚至會羅列自己覺得特別有意思的部分，或是對於消費產品盡情嘲諷和幽默，在商店裡駐足，不放過產品標籤上的任何字眼，尋求所有誇大效果中的佼佼者。

作者以申格為例，說明藝術家作家鼓勵第三種態度：申格嘗試讓每天受到消費挑釁的民眾以新的方法和產品相處，讓他們更有意識也更有自信。她想要「鼓勵他們成為強勢的消費者。就像其他在作品中探究品牌和產品的美學的藝術家們，她也揭露了消費世界所形成的格式化和社會化。這樣就可以透過其他更自由的教育形式補充商品美學教育。

當然，以上是就消費者所做的分析，就企業這一面來說，就是要轉型為「價值資本主義」型的企業：企業不再是單純的資本主義：企業要發掘新的主題並且發展出原創性的休閒形式，也許企業也肩負內容或意識形態的使命感。

價值提升就成為許多企業新的主要訴求，作者以謝家華為例，說明何謂「價值資本主義者」：它體現了新型態的企業家，價值資本主義者，依舊以良好的損益平衡為榮，可是也會以淑世行為去定義自己。

就現況而言，目前只有少數企業有足夠的自信開拓新穎而有爭議的內容與價值。大部分企業還是選擇支持既有的價值：諸如「永續性」、「生態」或「社會相容性」。但即使如此，企業至少在使用上述主題的方式上有了顯著的變化：從證明企業道德的永續經營，到新的贊助型態，或是以生態社會計畫吸引顧客的做法，都在經理人的心中發揮了作用。

可能的隱憂是：當多元的世界觀變成傳道時，非主流的價值會被排斥。消費會遇到社會的重新意識形態化，結果人們最會懷念單純的資本主義，而重新回到它的懷抱。

結語

要用五六千字來導讀這本內容豐富的書，其實是件困難的事。作者信手拈來日常生活的消費品做為實例，不勝枚舉；各章議題交互滲透，既多元又複雜；加上論證也常常有所轉折，不是一目了然。這些都不是導讀所能呈現的。本文的功能只是做為見月之指，讀者透過本文的導讀去閱讀原著，自然就可把本文拋棄了。

（本文作者爲國立屏東大學文化創意產業學系副教授）

目錄

第 1 章

虛構的價值
Fiktionswerte

現代人幾乎沒有機會對現狀感到厭倦，有別於上一代的知識分子，人們再也不必逃遁到過去或未來裡。我們因此得以透過分析與反思來了解自己的生活狀態，也更能認同它。然而，想要以同樣的方式指出並理解無數的類似發展，卻也是緣木求魚的事。想要反省自己的時代的人，總是只能在時代過去以後才能回顧它。

消費文化是人們始終沒有認識清楚的領域之一。其實光是「消費文化」一詞就已經讓人摸不著頭緒了。它起初只是指稱某種喜好：從冷凍披薩到保養品，從烤麵包機到汽車，人們不只是單調乏味地消費產品，反而認為它可以創造意義、垂範後世，並且有助於人類的自我認知。明白這點的人，就會在媒體、學術、宗教或文化的領域中討論到「消費文化」。而認為設計是所有商品的基礎的人，也會知道消費其實是和美學有關的領域，甚至進一步思考人類商品美學教育問題。

雖然我們以這個說法影射席勒（Friedrich Schiller）及其《論人類的審美教育書簡》（*Über die ästhetische Erziehung des Menschen*），卻不一定要像他探討藝術那樣，戴著有色眼鏡去分析消費世界。認真思考某個事物和積極投入一件事，其實是兩回事。對前者而言，強調的是保持距離的觀察，才有機會看到研究對象的各個面向，並且進行多方比較。重點是鑑別其差異以及真正意義下的批判。

因此，我們有必要稍做區分，因為人類商品美學教育（warenästhetische Erziehung）的概念比現代消費世界及其量產品要更早出現。多數的設計理論學派，從森佩爾（Gottfried Semper）[譯注1]到德國工藝聯盟（Deutscher Werkbund）[譯注2]，以至於烏爾姆設計學院（Ulmer Hochschule für Gestaltung）[譯注3]，原本都標榜著「優良設計」（Gute Form）。它們都在尋找從美學到倫理的途徑，可是因為它們自始至終都是功能主義導向，甚至把它偽裝為品味養成的先決條件，片面地主張物品使用價值的極致化。因此「堅持強調單純的實用性」，也就是所謂「完全化約為實用性的形式」，並且「排斥一切沒有直接關係的事物」是他們的理想，正如德國工藝聯盟的共同創辦人赫曼・慕特修斯（Hermann

譯注1　森佩爾，德國十九世紀著名的建築師和建築理論學家。

譯注2　德國工藝聯盟於一九〇七年成立於慕尼黑，為德國一個集合了藝術家、建築師、設計師與實業家的聯盟，是德國現代主義的開端，也影響了歐洲各國的設計發展。

譯注3　烏爾姆設計學院由英格・艾舍・紹爾（Inge Aicher Scholl）、奧托・艾舍（Otl Aicher）和馬克斯・比爾（Max Bill）於一九五三年創立，並於一九六八年解散。強調從技術方面培養設計師與其對系統設計（system design）的推崇，使烏爾姆設計學院成為德國戰後最重要的設計學院。

Muthesius）[譯注4]在二十世紀初所揭櫫的理想。慕特修斯和他的戰友們在理論與實踐中皆摒棄裝飾和誇大，因為只有「孩童才會沉溺於夢幻事物」，不管是童話故事或替身玩伴。[1]

是誘騙、利用，而非文化的批判

凡是超出功能主義範圍的，在現代世界裡都有詐騙的嫌疑，而在左派思想傳統對交易的批判概念下，它的嫌疑又更大。因此，人們會說日常用品的製造商都在操弄群眾，並因其承諾不實的使用價值（說謊）而遭受指責，或者認定是一場經過策畫的騙局。消費者被賦與遭受壓迫、操縱、剝削、欺騙的角色。他們眼中的商品只是誘騙、利用，而不是文化。這是哲學家豪格（Wolfgang Fritz Haug）[譯注5]的說法，他在一九六三年更新了馬克思主義的基本理論，提出商品美學（Warenästhetik）的概念。他自己選擇了批判的方法，卻明確地將它視為「操弄效用的可能性條件」[2]的研究。他於一九七一年出版的《商品美學批評》（*Kritik der Warenästhetik*）更是舉世皆知的經典作品；此後有好幾代的教育工作者都各自找尋解答：好將產品的推出「視為一種宰制的形式」。[3]

三十年後，我們閱讀克萊茵（Naomi Klein）[譯注6]的作品（她也正好出生於豪格著作出版那一年），她用相同的口吻對品牌產品提出警告，這些品牌產品征服了一切，不僅是人類的整個日常生活，亦包含了「隱喻空間」（metaphorischen Raum），也就是人們的思想、判斷力和有品味：「空間的喪失甚至發生在個人心裡，它所殖民的不是實際空間，而是心理空間。」他們無視於個別產品不只是擁有使用價值，或許還可以有正面的印象或刺激，甚至教育的功能。就算人類的靈魂深處存在著真實的、屬己的、我們原本必須保護的自我，那其實也是讓人難堪的事，因為人的身分早就「整個預先確定」了：「騙人的行銷世界自始即定義了我們對於自我的探索」。[4]

就那些心滿意足又熱切的消費者而言，他們與其說是被征服和殖民，更覺得自己是因

譯注4　赫曼・慕特修斯是普魯士貿易局（Prussian Board of Trade）的建築委員，一八九六年到一九〇三年間，因研究住宅問題而派駐倫敦德國大使館。慕特修斯在定居英國期間見證了偉伯（Webb）等人受到藝術工藝影響，並在設計時完全擺脫古典主義的陳舊手法。一九〇三年回國後，慕特修斯便指出德國建築和工藝的落後，並宣傳英國建築和工藝界具備的「即物精神」，最後於一九〇七年宣布成立德國工藝聯盟。

譯注5　沃爾夫岡・弗里茲・豪格，一九三六年出生於德國埃斯林根。曾在柏林自由大學教授哲學，並於一九九六年擔任柏林批判理論研究所的負責人。

譯注6　娜歐米・克萊茵是知名加拿大記者、作家和社會運動人士，因其以政治經濟學的角度批判全球化的著作《*No Logo!*》而打響名聲，該書主要在批判品牌公司剝削窮苦勞工。

為在情感上認同某個品牌或者是個識貨的行家，而他們的說法就會被片面解讀成一種完全疏離的表現。可是，為了定義自我或與外在世界唱反調而購買特定產品的人，真的只是被蒙蔽或收買了嗎？同樣出生在豪格出版該著作的一九七一年的弗洛里安・伊里斯（Florian Illies）[譯注7]，他的《高爾夫汽車世代》（*Generation Golf*, 2000）同樣片面性地針對這種指控提出另一種概念：對他而言，產品就是情感上的履歷標籤，或者至少自從許多名牌商品奢華地登場，而把功能主義的標準拋在腦後以來，情況就是這樣了。透過日常生活的量販產品，食品、化妝品、科技配件，建立了團體和個體的認同後，在他們心中，生活經驗或教育的意味就會更加濃厚：「購買特定服飾的行為，」伊里斯說：「就像從前閱讀某個作家的作品一樣，成了一種世界觀。我買了什麼東西，那就表現了我心中的想法。」[5]

受限於文化的中產階級思想，許多傳統的消費批判或許會認為，將文學和消費產品做類比，未免過於輕率。不過他們也過於草率地忽視一個事實：許多精緻的文物同樣是在商業背景下產生的，而因為它們是商品，至少能迎合大眾，其設計也符合他們的期待。（就連拒絕或挑釁的態勢，也經常被解釋成精緻文化以及自主性的表徵，可以說是以否定的方式迎合群眾的感受。）相反的，時下有許多產品不僅擁有功能，而且還有其意象。它們和生活風格或時代精神遙相呼應，喚起它們所要的聯想。產品因而也營造了情感、行為與情境，並且屬於一個想像的虛構世界，那個世界不只是童年幻想構成的：不管是在哪個層次上，這些產品的想像力功能和電影情節或小說角色一模一樣。

藝術作品與消費產品的差別待遇

在傳統精緻文化的形式裡被認可的東西，在消費世界裡卻遭到否決，這個情況也反映在：鮮少有人會對「宰制」的概念有什麼負面的觀感。欣賞藝術的民眾反而期望作品可以引人入勝。而美學教育也時常被認為是一種滿足閱聽者的意識的行動。人們會期望藝術能發揮風行草偃的作用，而他們也樂於向它臣服。藝術史學家伊姆達爾（Max Imdahl）[譯注8]也在一九七一年表達其「任由藝術擺布」的嚮往，身為一名觀察者，他也希望自己可以「有直接的感動，並且為之折服」。[6]

譯注7　弗洛里安・伊里斯，德國作家。二〇〇〇年以其著作《高爾夫汽車世代》走紅德語書籍市場。

譯注8　藝術史學家馬克斯・伊姆達爾，德國重要藝術史學家（1925-1988年），專精於藝術史方法學與二戰後的現代藝術詮釋。

那麼人們又為什麼要在藝術中頌讚那些在消費產品中遭到否定的東西呢？真的只是「宰制」的正反面形式的差別而已嗎？那難道不是以雙重標準進行意識形態批判：既是對著藝術愛好者，也對著蔑視消費的人？我們或許應該分析一下，人們究竟為什麼對藝術俯首貼耳，而出於隱隱然的求助心理，對它竟然不加批判。同時我們也要反過來探討，消費產品是否遭受太多的不信任。

由於可以各自就虛構和製作的範圍去描述藝術作品與消費產品，我們就免不了拿它們來相互比較一下。並不是將香水、電子產品、廚房電器和建築、小說、劇場作品相提並論，然後它們的價值就整個提高了。相反的，只要人們不會只因為它們違背了「功能決定形式」（form follows function）的原理，就把它貶抑為欺騙的形式，其實那就夠了。因此我們要個別探究產品推出的企圖和效果，以及應該如何以美學和社會政治的觀點去評價它們。

當我們開始以這種方式分析消費產品，也就可以進一步認識藝術理論。畢竟不管是椅子、電燈和碗盤，早就和畫作與雕塑一樣，人們都曾經認真研究過它們。差別在於藝術史學者致力研究數百年前的作品，而在消費產品的評價方面，則主要著眼於流行的設計。

雖說人們至今仍只是著眼於單一產品或「創作設計師」（Autorendesigner）[譯注9]的作品，然而工業的量產商品已經無遠弗屆，也有其重要的社會意義，使得相關的研究顯得炙手可熱。而對於工藝名家的詮釋，也可以用來評價時下的消費產品。

如此一來，對於現代的胡椒磨與鹽磨的觀察，會有助於我們觀賞本韋努托・切利尼（Benvenuto Cellini）的「鹽窖」（Saliera）[譯注10]，這是一五四〇年於楓丹白露（Fontainebleau），切利尼為法國國王弗朗索瓦一世（Franz I）製造的最著名的胡椒罐與鹽罐。餐點的調味料從來沒有如此奢華而馳騁想像地展現過，而切利尼提出設計稿時也引起軒然大波，質疑這樣精密複雜的金飾工藝到底是否可行。[7]

他把鹽放在海上的小船中，以呼應鹽的發源地，而胡椒則是存放在神廟裡。胡椒屬於大地女神提勒絲（Tellus），而切利尼則表現她和海神涅普頓（Neptun）之間的親密對話。

譯注9　創作設計，英文稱作「one-off design」，又譯作「一次性設計」。指的是一種客製化、唯一而無法複製的設計。

譯注10　本韋努托・切利尼是義大利文藝復興時期金匠與藝術家，他曾為數位教皇與皇室工作過。一生放蕩不羈，直到六十五歲才首次結婚。他最有名的倖存作品為鹽窖，如今收藏於奧地利維也納的藝術史博物館中。

兩位神祇赤身裸體對面而坐，提勒絲舉起手吸引涅普頓的目光，左手則撫摸自己的左乳。任何人都會想，她下一秒的動作應該是抬起右腳輕輕摩娑海神的小腿。如此一來，調味料就不只有神話層面的涵義，也成為調情的工具。它成為元素和兩性結合的象徵。

香料在十七世紀時固然相當昂貴，而且有類似黃金的貨幣功能，可是把鹽與胡椒的使用表現成世界性的大事，在當時仍然會讓人覺得太誇張了一點。除了兩位神祇以外，「鹽窖」的基座上還刻著當時的製造年份與日期：整個世界和自然的秩序呼之欲出，儘管它只是用來在吃飯時增添風味罷了。

切利尼的「鹽窖」是獨一無二的珍品，其他香料器皿都難望其項背，因而能夠彰顯委託製作且收藏之的國王的尊榮。弗朗索瓦一世也以對於香料的歌頌支持其政策，即提高鹽稅：看起來愈是有價的物品，就愈能夠接受對應的課稅。[8]相對的，胡椒更能表現帝國主張，當人能夠踏上盛產胡椒的國度，更能炫耀其無遠弗屆的權力——這在十七世紀可不是什麼理所當然的事情。[9]

由於現在的消費產品幾乎都是量產品，在製造過程中自然不能像這件著名的經典作品一樣為個人的興趣量身打造。不過在製程中還是嘗試各種誇張和虛構的形式，把香料塑造成一個事件，或是討好消費者。如果說胡椒研磨器是電動的，而且有照明設備，在調味時可以照亮盤中佳餚，那麼應該也可以把粗胡椒顆粒的降落航線照得通亮，好讓使用者讚嘆其賣弄技術的準確動作。而金屬和玻璃的平滑光亮材質，也可以提高完美的印象。相對的，手動木製的研磨器，讓胡椒粒更像是真正的手工藝品。顆粒在研磨過程中散發的香氣，也會肯定付出的成果。研磨器有六十公分甚至八十公分高，自己調味時會格外稱手。如此擺盤會更完美，宛如在上面簽名紀念一般。

雖然手動或電動研磨器的使用者覺得自己很專業，不容一點輕忽，煞有介事地研磨（而且要用最高級的、純淨的、看起來很天然的香料，特別是要很昂貴的），可是對於只想使用單純的胡椒罐的人而言，卻可能對此一竅不

通。有別於這整套野心勃勃的設備，如果僅僅是把香料胡亂灑在餐點上，那會被視作不耐煩又不願意改正的人格缺陷。

現在的廠商也不會忽略了，鹽與胡椒可以設定成對比又互補的情境遊戲，而且正好是自古以來大家津津樂道的「男性」與「女性」的對立。然而與切利尼不同的是，鹽多半代表白色的女性角色，和代表胡椒的黑色男性角色相對。這樣千篇一律的設計和工業化製造有關，因為它必須盡量減少加工步驟。至於像切利尼的「鹽窖」那麼精緻的元素，則是不可能做到的。

切利尼至少在先決條件上占有優勢，因為他只要遵循單一委託者的品味與自我認知即可，而現在的產品製造者卻得要迎合多數消費者。產品製造者必須在不同期待之中取得妥協。切利尼可以專心發揮才華實踐想法，而現在的量產製造業者卻得另外考慮必須利用什麼效果和承諾以喚起大眾對自家產

品的興趣。也許產品製造者必須仰賴所謂的「銷售點」，也就是設計裡的「梗」，以刺激購買衝動。或者，產品製造者也可以給消費者一個想像，以為透過產品可以抬高自己的身價，成為行家、衛道人士或優勝者。或者，產品製造者也可以應許功能的提升、特殊材質的價值、比較實惠的性價比、排他性，一點創新、一個祕密。

追求更高的交換價值是一種欺騙？

在馬克思主義的論點下，都會從交換價值的角度去看這些措施。從製造商的觀點，他們必須提高交換價值，以獲取最大利潤。從交換價值也表現了產品的商品性格，產品的塑造就是要讓人印象深刻，至少必須賣得出去。於是他們批評說，在追求更高的交換價值時，就已經有欺騙的嫌疑；比產品本身的性質更重要的，是它所營造的假象。於是像是豪格這樣的人就會認為商品是「引人入彀的表象」。[10]

撇開製造商或商家只要欺騙顧客就經常會在市場上喪失機會不談，我們還沒有問到一個問題：那些讓人第一眼就比較想購買該商品的性質，是不是沒辦法持續提升產品的整體價值。尤其在富裕社會的供應市場裡（在馬克思年代還沒有出現的市場），製造商總是必須比競爭者提出更多的服務。將提升正面觀感的特質升級是絕對必要的，而受限於功能性的使用價值也會因此延伸至其他層面。突然間，除了產品實用性和耐用性之外，重點變成產品可以激起什麼樣的情感，產品是否在消費者心中代表某種價值，它給與消費者的辨識度魅力有多強。雖說產品的重點是要在市場競爭當中脫穎而出，但是更重要的是改變其商品性格的附加特徵。因此，將這樣的附屬性質描述成負面的假象形式，也就是引誘消費者落入的陷阱，此一說法並不妥當。

市場研究中的億萬市場，幾乎都只是用來分析這些附加層面，光是這點就說明了那不只是製造短期的交換價值而已。人們不可能單就這個層面花那麼多錢。市場研究的結果不只會直接影響廣告攻勢的方案，它更是新產品規畫的起點。幾十年來，行銷不再是在產品開發的末端才進場，反而經常被擺在最初階段：不管是工程師、化學家或物流人員，都必須依據行銷和市場研究提供的資訊而改弦更張，這完全與過去背道而馳。以前的廣告製作經常被視為一種工具，用來讓落伍或印象不好的產品看起來更有吸引力，但是近年來傳統廣告形式的價值早已式微，不論是雜誌、電視及電影，或是銷售排行榜。現在也鮮少有人會期待它有什麼原創性或嶄新的美學效果。

產品設計需符合消費者的期待

由於產品的推出成為產品開發的各個階段和面向的基礎，那些待售商品就肩負起多功能的責任，迎合客戶變化多端而異質的期待。當胡椒研磨器在這種情況下售出，會讓買家（與使用者）覺得自己是行家，或者能讓自家客人印象深刻，同樣的，從優格、化妝保養品、茶飲到礦泉水，也紛紛標榜療癒、活力、放鬆、成就、真實或心安理得。而這些承諾都會對應到它們各自的設計形式。

這種發展也出現在產品設計中，甚至在一九八〇年代的建築就已經應用且分析它。尤其是當時的藝術史學者克羅茲（Heinrich Klotz）[譯注11]，他察覺到功能主義的現代性典範被攻城掠地，而「後現代」一詞也愈來愈搶手。他也藉此理解那個「在單純滿足使用目的以外……加上『突破藩籬』的內容」的現象，而建築正是做為「超越實用目的『想像世界』的表現媒介，也就是做為其虛構世界的工具」。所以後現代建築師文丘里（Robert

---

譯注11　海因利希・克羅茲（1935-1999），德國藝術史與建築學者。

Venturi）[譯注12]或者霍萊因（Hans Hollein）[譯注13]才會藉由建築「在幻覺主義的意義下創作『美好世界的表象』」。由於「建築的虛構性格」的要求，在後現代主義中孕育了「風格多元主義」，而應用不同風格元素，例如符號系統的一部分，以產生聯想、符號化和敘事。因此建築就變成了「符號載體」，屬於最廣義的詩及「幻想世界」。所以說：「不只是功能，還有虛構。」[11]

產品設計或許還不到像克羅茲研究建築那樣，也有人投入等量齊觀的研究，因為虛構（Fiktionalisierung）的概念直到最近才獲得重視。直到一九九〇年代，隱喻以及展演的浪潮才襲向日常生活的產品類型，並且對它重新設計（Redesign）。就人類對於虛構性的渴求而言，消費產品世界當然比建築重要得多，尤其因為後現代主義的原則一直侷限在代表性比較小的建築上，而沒辦法大規模應用。長期以來，一直沒有人討論產品的推出與假象對於消費產品的重要意義，而這也是左派功能主義的消費批判造成的結果。他們強烈質疑虛構性，使得它沒辦法成為單一的研究對象，甚至不是相關的現象。

對於像豪格這樣批判消費的人而言，任何產品的推出都是道德問題（是一種欺騙和謊言的形式），這不只讓德國工藝聯盟這些學派的現代主義更加激進，也使得溯自柏拉圖的一個傳統死灰復燃，柏拉圖將這些詩人與藝術家排拒在理想國之外，很激烈地把虛構與謊言畫上等號。他們的作品「與現實差距過大」，因而變得軟弱。更讓他煩惱的是，他們在舞台上各憑喜好以不同的（多元主義的）方式表現同一個現象，有時候美好又重要，有時候變得醜陋而無足輕重。這麼一來，就難以避免任性和非理性主義，一切尺度蕩然無存。人類最後便會落入「暴躁又反覆無常的性情」之中，且又被某個詩人或藝術家撩撥情緒，更會對「那些本當枯竭的欲望加以栽培與灌溉」。人們因此對詩歌與藝術發展出一種「幼稚又低俗的愛好」。[12]

同樣的，豪格也說，商品美學讓「所有事情變得放蕩不羈」，使消費者陷入「本能的擾動」。[13]其他消費批判者也提出和柏拉圖很類似的指控。政治學者巴伯（Benjamin Barber）[譯注14]便針對這種反覆無常提出警告，因為消費品產業主張一切都輕薄短小、簡單

譯注12　羅伯特・文丘里，又譯作「范裘利」或「溫圖利」。為知名的美國建築大師，奠定建築設計後現代主義基礎的第一人。

譯注13　漢斯・霍萊因，奧地利建築師與建築理論家。他的作品包括了現代藝術博物館和哈斯大樓，於一九八五年榮獲普利茲克建築獎。

譯注14　班傑明・巴伯，著名美國政治學者，以倡導「強民主」（strong democracy）聞名於世。

而不複雜、快速而不費時。而這點也在「童騃的夢想世界觀中獲得證實，人們在那裡只要說出『只要我想要，它就會實現』，結果就會是如此。」[14]巴伯斷言那種以消費虛構化為條件的社會童騃化（Infantilisierung）無所不在（幼稚且低俗的愛好），社會學家塞尼特（Richard Sennett）[譯注15]也對如此的愚蠢化表示感嘆：商品美學與廣告誘騙消費者，使他們「失去了判斷能力，並且在評價對象時把鍍金層和對象本身混為一談」。[15]

就像柏拉圖一樣，對於現代消費批判者而言，做為有自身價值的美學虛構的表象，以及做為冒充、操弄與災難的表象，兩者之間並沒有差別。他們只看到後者的存在，而且這樣的表象對他們來說，儘管在存有學上是低等的，並因為「存有的闕如」[16]而顯得軟弱，卻會危害人類心智，人們必須提防它。做此論者一開始就不承認其他面向的藝術或消費產品，也就不會討論美學表象是不是嬉戲的、超然的、反思的、解放的、刺激的、補償的或療癒的，當然也就無從爭論是否有一條從美學過渡到道德的路。

然而在思想史的另一個階段中，想像世界的當事者也曾經受到迫害。像是基督新教就以為小說作家會讓讀者誤入歧途，因為他們會透過「不羈的想像、熾熱的表達、不安、淫亂與催情」來移轉讀者，並替他們準備好那「激情的蒸氣浴」。瑞士神學家哥特哈德・海德格（Gotthard Heidegger）[譯注16]在一六九八年出版的論集中便如此抨擊。這位喀爾文派的代表譴責時下興起的小說皆在進行「詐術」[譯注17]。對他而言，杜撰小說就是一種任性妄為的表現，是以惑亂人心而危險的任意和雜多性虛構而成的。「閱讀小說就是在閱讀謊言，」他如此宣稱，而他也無法理解怎麼會有人這麼想要閱讀聖經以外的著作，畢竟唯有上帝的啟示「才能讓人變得完美」。[17]

儘管現代人一致認為柏拉圖將藝術的虛構與謊言畫上等號有其挑釁的意圖，而且也都認為，在海德格的基督教一神論的批判以前，小說仍被視作精緻文化的形式而受到保護，因而極力歌頌想像力，可是只要一提到消費產品，批判者就會理所當然地搬出那些詞彙，像是「謊言」、「詐騙」、「盲目」、「操弄」，而諸如巴伯等人就會明確承認自己支持基督新教倫理的立場。由於對消費主義的指摘也動輒以「虛構等於謊言」為基礎，如果以

譯注15　理查・塞尼特，又譯「桑內特」。為著名社會學家，對於社會學有著領域廣泛的研究，並於二〇〇六年榮獲黑格爾獎（Hegel Prize）。

譯注16　哥特哈德・海德格是出身瑞士蘇黎世的神學家，擅長以諷刺筆法寫作。他在一六九八年批判小說所出版的著作《*Mythoscopia Romantica*》掀起廣泛的討論。

譯注17　原文中的「Gaukeleyen」是「Gaukelei」這個字的誤寫（現在兩者皆通），也就是英文中的「juggler」，最早是指那些在街頭說笑逗唱、耍把戲的藝術家，後也衍生出「行騙術」的意思。

後揭竿而起的論戰類似於從前針對小說或藝術的批判，也就見怪不怪了。

若是人們也注意到這些歷史上的類似處，那麼當消費商品與小說、電影、電視影集以及其他虛構模式產生連結時，似乎就更顯得合理了。人們於是會認同虛構與產品推出可能會為了產品買家而保有類似的價值，就像是娛樂、慰藉與療癒這樣的傳統形式與分類一樣。畢竟消費供給可以「喚起的情感，很類似透過閱讀小說而激起的想像」，[18] 社會學家依露斯（Eva Illouz）[譯注18] 如此表示。一直到很久以後，人們才接受杜撰的故事也是有好處的事。將來若人們就新產品的虛構價值進行廣泛且熱烈的討論，或許也會是理所當然的事。如果有人說，人類會因為產品的美學設計而受騙或異化，那或許也會是個無稽之談。

商品的虛構價值在消費者心中產生意義

做為業餘的閱聽者，消費者本身也會訴說他們的期待和經驗、提及商品的虛構價值在他們心中的意義。我們多半可以在網路的開箱文中看到這種文字。而我們也應該以批判的態度去閱讀這些開箱文，因為那很有可能是廣告代理商寫來替製造商打廣告的，多事的消費者不疑有他，也跟著用自己的話發表意見。在「ciao.de」或「dooyoo.de」之類的消費者入口網站裡，任何產品都可以找到至少以每頁十條、二十條或五十條排列的消費者意見。這種消費文化式的留言讀起來就像以前會出現在信件和日記的文字一樣。除了那些一看就知道是外行人的留言以外，各篇都至少會出現精確度很高的開箱文內容，讓人不禁想起施蒂弗特（Adalbert Stifter）和普魯斯特（Marcel Proust）。這些報告內容中都會註明因為消費產品而產生情感和聯想，他們會描繪內心的印象，也會把虛構的東西口語化。

以下是幾個最有意思的例子：某個使用者自述她「常常意外發現自己」會出神地凝視著烤吐司機上「閃爍的 LED 顯示」，「端詳著整個烤吐司的過程」。[19]這個科技設備的魅力在於，它會讓使用者抽空體驗烤吐司的過程，把它視為表演，那麼等待的時間就不再漫長，反而會覺得是日常生活的暫停或超越。烤吐司機在使用價值以外，還照顧到更多意識的問題，甚至創造了冥想的空間。

另一位試用者則是熱烈地談到一種椰香泡澡用品，鉅細靡遺地描述她如何準備泡在浴缸裡的夜晚，享受泡泡浴，「閉起雙眼，很美妙地在異國情調的浴缸中全身放鬆」。她覺得「像是埃及豔后的『牛奶浴』」，而且立刻「想起棕櫚樹下的度假風情」。[20]商品的虛

譯注18　艾娃・依露斯為知名社會學者，任教於耶路撒冷希伯來大學社會學與人類學系。

構價值生效了，浴缸成了內心想像的電影院，也成為虛擬旅行的伴侶。消費者想像自己處於不同的地點或時間中，就好比沉浸在閱讀世界裡一樣。

還有一位試用者明確地將產品的使用經驗和閱讀相提並論，並且指出，比起強力商品刺激的想像，書中的虛構情節反而不一定可以引起想像。另一位使用薇莉達（Weleda）沐浴商品的女性使用者表示該產品可以讓那一缸熱水「像是乳白色的雲朵一樣飄飄然」，並且散發誘人的香氣，讓她「不得不將手上的書擱在一旁」。[21]另外一位使用者則是興高采烈地讚揚某一款沐浴乳，說明儘管自己「最喜歡拿著一本書躺在熱水浴缸裡……不過那（沐浴乳）卻是最好的替代方案」。[22]

這樣的報告讓我們更理解，為什麼大多數商品不只是在種類上五花八門，而且每一季都會有微幅改變的新產品上市。由於它和虛構有關，並且是為了要取悅消費者，所以不論是沐浴用品或熟食，都跟書籍與電影沒有兩樣：人們不會只想要得到完全相同的經驗，反而希望一個情節可以有不同的表演方式，以及不同的演出效果。如果總是只有一種產品選擇，那樣反而會很不恰當。此外，一種洗髮精或一種巧克力的虛構程度愈是不足，它們就愈得每次重新取悅人們。一本好書值得一讀再讀，每次重讀都會有更深的感受，然而商品美學的可能性就狹隘得多。這裡說的是，只要有人以使用價值為滿足，那麼替換就有必要了。這麼一來，浴室櫃子中或是廚房架上的東西就會比書櫃上的東西還要多：其中集結了不同種類的商品，每一款都可以喚醒不一樣的情緒，也可以輕鬆地因應各種不同的期待，並在不同場景中呈現出不同的樣貌。

因此，許多消費評論者只能針對產品五花八門的現象發出「相同東西一再複製」的指摘，[23]這種說法其實也相當膚淺。這不過是以前對於小說作者的仇視的舊瓶新裝罷了。許多人老是搞不懂，為什麼每年都會有這麼多新書問世，而這些新書也一樣沒有什麼獨到見解。關於出版品的數目，套一句海德格的話，「就像一片無盡汪洋」，「一季過去，沒有出現一本或更多小說，也沒有出現在任何出版目錄上，那是相當罕見的，就像偌大社會裡沒有人叫『漢斯』一樣。」他接著憤憤不平地說：「有些人……根本不缺讓他日以繼夜讀個沒完的一整面牆的小說。」[24]

消費是彰顯品味和判斷力的方式

現在人大抵上都有許多產品選擇，而消費批判者偏偏認為這並不是什麼差異化的自由和機會，反而是在浪費生命，也是貪得無饜的原因。[25]然而，對於那些似懂非懂的人，要他們比較不同的產品，並且注意到由設計推銷的產品基調，並不是什麼很辛苦的事。相反的，消費可以像是閱讀一樣，是一種「文化技術」，每次選擇正確的胡椒研磨器，就像選擇要讀哪一本書一樣，都是品味和判斷力的證明。結果有些消費批判者就會露出庸俗的原形，就像那些不愛讀書卻又在圖書館裡嘲諷書寫得那麼厚的人一樣，遍尋不著適合自己的書。抗拒和怨懟都是苛求的結果：是對於符號系統素養不足的表現。

在海德格籠統地將之定罪後的幾個世代，像啟蒙哲學家貝格克（Johann Adam Bergk）[譯注19]《閱讀的藝術》（*Die Kunst, Bücher zu lesen*, 1799）這樣閱讀指導的出版品，就顯得有其必要，因為它為閱讀賦與不同的概念。貝格克也表達了內心的擔憂，認為閱讀小說會讓「靈魂習慣於放蕩不羈，自己則成了局外人」。他同時也鄙視「那些一大堆小說讀者，他們一本接一本地吞下軟弱無力的內容」。可是當這樣的閱讀產生負面效果時，他認為讀者的責任比作者更大。他們過於消極，太容易取悅，而不知道要反省這樣的作品，並且提出他們的要求。貝格克的至理名言就是，一本書「不應該將我們當作奴隸一樣對待，相反的，我們是駕馭書的內容的自由人」。讀者應該像「演員、藝術家一樣」表現他們的參與度，應該「幫助小說家」，「前前後後地思考那本書」。他們每次都會沉浸在不同的題材裡，但是會保持獨立，既可以自由地判斷，也不會輕易地被收編或折服。[26]

而延伸到消費領域，則只是換個角度看的問題而已。一改過去翻來覆去地指控製造者的操弄意圖，我們可以要求消費者表現出更加自信、輕鬆、自由、反省的態度。當他們像若干撰寫開箱文的人一樣，清楚地表達他們的喜好，或者表示他們覺得自己被輕視或嘲弄時，虛構和產品推出的品質也就有提升的機會。正如我們不妨把小說自十九世紀以來的全盛時期視為獲得解放而更加講究的讀者以及更成熟的文學批評的結果，消費群眾或許既可以擺脫各種陰謀論，也不再僅僅是被動地對於產品的推出照單全收，而有助於建立新的消費文化標準。不過這麼一來，那些傳統的消費批判者就會站不住腳。就像我們一直難以就福婁拜（Gustave Flaubert）與湯馬斯・曼（Thomas Mann）的小說角度去理解海德格的論證一樣，豪格、巴伯與克萊茵的論點也許會在將來產品和推出突飛猛進的歷史點上出現。

十八世紀後期開始反對蔑視美學表象的不只有貝格克，真正決定性的角色其實是席勒。席勒極力反對將虛構與謊言混為一談或畫上等號的傳統。他明確地研究如盧梭（Jean-Jacques Rousseau）之輩的喀爾文教派藝術懷疑論者，反過來宣稱「對於表象的興趣」是「人性的真實發展以及邁向文明的關鍵步驟」。而被別人斥為「激情的蒸氣浴」或「本能

譯注19　約翰・亞當・貝格克（1976-1834），德國啟蒙時代康德派哲學家，曾於萊比錫大學教授哲學。

的擾動」的東西，在他看來卻是「激情的美藝」。根據席勒的觀點，如果說我們要為虛構性賦與一個意義或空間的話，那應該會是一個先進的社會符號，尤其是各種美學教育的基礎。可是只要它的所有力量都用來滿足日常生活的需求，那麼「想像力就會和現實世界綁在一起」。而直到「需求被滿足了，……它就會開展它狂放不羈的能力。」[27]

不論是古希臘的戲劇、羅馬宮殿的壁畫或是中古世紀的戀歌[譯注20]都是如此。但是直到社會富庶，才會為想像和空想發展出大量的表現形式。現在虛構價值也已經征服了其他以使用價值來定義的物質世界。在貧困時代，許多人能接觸到的產品，多半是獨立於物質條件（例如露天劇場）而又具有獨特的性格（像切利尼的「鹽窖」），而在物富民豐的時代裡，消費產品則成為多數人情感和虛構的重要來源，而就連胡椒研磨器或沐浴用品之類的日常用品，也會用來詮釋、美化或重新解釋行為、情境和經驗。他們成了教育與娛樂的媒介，並且形塑已經成為消費者的人們的生活。

比「滿足需求」更上一層樓

或許消費文化一直都還在起始階段：它的第一步是從使用價值完全解放出來，而隨著社會日益富足，人們對於物質產品的期待就不再只是需求的滿足。然而順此發展，就會出現一些品牌和產品，它的虛構性更加優雅，它的詮釋更有創意，它的改變在將來比在現今更可能實現。藉此也成就了人們的商品美學教育，它至少和其他社會化形式一樣重要。

這樣的教育與現代主義者（德國工藝聯盟的代表以及包浩斯〔Bauhaus〕的成員）眼中的教育大相逕庭。他們想要透過建築與物質，讓人類可以更務實、冷靜和理性，因此重點是藉由產品製造來建構生活世界，並且將消費商品當作一種形塑經驗的微妙符號系統來運用。在現代世界裡，人們特地設立手工藝品博物館，或是推廣以功能產品為範本的教材，以保護消費者不受假象的欺騙，[28]那麼未來的重點就會是學習虛構性的風格形式、介紹市場研究的種種方法，並且指出設計用什麼方式採用符號性格，因而發展成一種媒介。

而它與以前透過設計傳達的教育觀念最大的差異在於，在關於消費者要接受哪一種消費產品的問題上，他們的參與決定不再是無關緊要的。他們不是由上而下被預定的。一方面，人們是市場研究的對象，使得產品的供應完全等於人們的願望。（其實人類在歷史裡

譯注20　戀歌（Minnesang）是德國十二世紀至十四世紀抒情詩與歌曲的一種形式。

從未遭遇過這樣的世界，必須不斷地對抗他們的願望和期待；他們和精準而單純的產品形式不斷拉扯。）而消費者透過選擇的不同產品，將意見反饋給製造商，進而影響了產品的推出方式。可是這意味著，我們不會看到持續的水準提升，而是一個同語反覆（tautological）的程序：因為多數人都很滿意供應的產品，頂多就只會期待它的變型而已。

另一方面而言，我們也注意到愈來愈多的消費者試圖積極影響產品和行銷的過程。而消費者會改變產品的「特性、使用方式與外觀」，以致於（正如消費社會學家海爾曼〔Kai-Uwe Hellmann〕[譯注21]所說的）「我們很難以古典意義下的消費概念去談論它」。[29]他們甚至以批判性的使用者自居，並且在網路論壇中大肆抱怨、號召快閃與抵制，甚至發展出自己的抨擊方式，使得市場更多元。他們不僅要求更好的產品品質，也要求企業的正直，揭注特定價值及其在美學上相稱的表現。由於消費商品是他們生活中相當重要的一部分，他們也要求和產品相關的種種意義。因此就像前述愈來愈挑剔的讀者一樣，許多自我意識抬頭的消費者在不斷提升品牌商品的製造內容水準上居功厥偉。

由於產品的附加特性的許多動力都來自消費者，商品美學教育的重點其實也就是一種自我教育的形式。在和品牌以及產品打交道時，消費者自己的鑑別能力會更加敏銳，此外也包含對於不同生活情境的認知和詮釋。這正是人們追尋美感滿足的場域。由此人們也會有種種額外的期待，它們最好可以在下一代的產品裡具體實現。於是消費和產品的推出之間的程序就會變成「詮釋學循環」（hermeneutic circle）的一種特別形式，進而踏上自我啟蒙的道路。

譯注21　凱伍佛・海爾曼，德國社會學家與消費研究者，現任教於漢堡聯邦國防軍事大學（Helmut-Schmidt-Universität）。

第2章

產品推出的影響

Inszenierungsfolgen

中國有一則流傳兩千年的故事，內容提到一位珍珠商人為了想提高珍珠的賣價，因此在華麗的包裝上特別用心。他選擇實木製作了一只盒子，外觀更是別出心裁地鑲上寶石，此外還使用昂貴的香料來薰香珠寶盒。不久之後，便有許多人慕名而來，那一盒珍珠最終也落入出價最高者的手裡。不料買家卻相當戲劇性地將盒中的珍珠還給商人，他只是喜歡珠寶盒罷了[譯注1]。[30]

及至今日，這個故事更顯得真實；現代產品都是經過一番嘔心瀝血才推出的，而包裝也往往成為主要角色。一般人之所以願意掏錢，主要在於商品本身提供有趣的印象：它可以僅憑一眼就喚醒你內心的想像，或在腦海裡開始播放影片，消費者則在其中扮演討喜的角色，看到一點美好的未來。正面的觀感不斷提升，人們或許會因為包裝或商品美學設計引發的聯想而心醉神馳。製造商不必花太多工夫保證自家產品的使用價值，反而是將大筆經費投入在極致優雅的形象塑造上：市場研究、廣告、設計或品牌經營。現在有誰在購買沐浴乳、茶飲或優格時，只是想要洗乾淨，或是可以吃喝就夠了？更重要的是這些商品以及相關的動作以什麼方式呈現出來。人們會選擇某一款沐浴乳，因為它說有助於冥想，也會購買某一種茶包，因為它應許了和諧和愛，或是選擇一塊可以撫慰心靈的巧克力。但是沐浴乳多半原封不動地擱在浴室的櫃子裡，反而比較像是營造氣氛或刺激感官的小雕像，而不是一個使用對象。就如同中國古老故事中的產品一樣，比起包裝和呈現的方式，它本身反而變得不太重要了。

不可輕忽「被忽視的感官力量」

在買櫝還珠的故事中，珠寶盒之所以比真正的商品還更吸引人，原因就在於它指涉了更多的意義。珍珠只是看起來漂亮，而其光滑圓潤的外表雖然也可以提供觸覺上的感受，不過珠寶盒上的各式材質顯然在觸感上更加變化多端；尤其是那股薰香，更增添嗅覺的體驗。那位中國商人採用的原理，正是現代所謂神經心理學經常討論的，尤其是「神經行銷學」（Neuromarketing）這個廣告分支。其關鍵詞「多感官提升」（multisensory enhancement）意指透過衝動強化感官刺激，而它們又刺激了其他感官。當各種感官印象相互整合，意義又得以相互配合，一個事件的體驗就會強化了好幾倍。「提示管理」

譯注1　此指春秋時代「買櫝還珠」的成語故事，用以比喻取捨失當。

（Cue-Management）譯注2（不同感官刺激的調整和編排）甚至是現在行銷的工作核心。企業中的行銷與廣告主管，都會聽從類似林斯壯（Martin Lindstrom）譯注3之類的顧問的建議，注意到「被忽視的感官力量」。林斯壯指出，任何商品在未來市場上都只有一次機會，不管是在觸覺、嗅覺，甚至要結合哪種音效，都要精確地組合。林斯壯讚美天主教教堂是「強化多元感官」的模範，不論塔樓的鐘聲、獻香儀式時的氣味，以至於彌撒祭披的顏色，都可以引起感官上的共鳴，也因此得以歷久不衰。[31]

像是礦泉水的產品類型，包裝和多感官產品推出的多重意義就很明顯。至少住在中歐許多地區的人民，只消打開水龍頭就可以喝到這樣的礦泉水，幾乎是免費的，也省掉運送的麻煩。可是當礦泉水創造數十億歐元商機時，那證明它不只是用來解渴而已：人們購買的是付費飲料的附加意義；他們購買的是礦泉水個別特質的戲劇化，購買的是喝水的儀式化，正如各種瓶裝設計引發的聯想。

透過設計引發各種聯想

為了營造清新提神的感受，瓶蓋便得設計成只要一扭開瓶口，就會冒出嘶嘶響聲；瓶身也要具備纖細的外型，並且使用透明材質，而瓶裝的顏色更得配合瓶身上的標籤，或者是代表能量的紅色，或是代表清新舒暢的藍色。類似「能量」、「運動」或「有氧」的詞彙，都有增加活力的暗示。難以想像，球狀的瓶身若搭配米色或灰色，再配上扭轉式瓶蓋，僅僅如此就會牴觸了瓶身上的描述；「提示管理」會顯得一團混亂，而無法發揮「多感官提升」的功效了。

當飲水更加被理解為能量補充時，它的瓶身設計會立刻讓想要買礦泉水喝的人聯想到瓦斯彈，炫技式的瓶蓋設計則像是保險插鞘，彷彿內容物隨時有爆炸的危險，因為裡頭充

譯注2　提示管理是舞台劇中負責所有進場順序的管理工作。

譯注3　馬汀・林斯壯，丹麥知名行銷顧問、全球公認的品牌專家，於二〇〇九年入選《時代雜誌》全球最具影響力人物前一百名。著有《收買感官，信仰品牌》（*Brand Sense*）、《人小錢大吞世代》（*Brandchild*）、《在網路上打造品牌》（*Brand Building on the Internet*）。曾擔任微軟、迪士尼等多家財星五百大企業的商業顧問。

滿了氧氣或是高能量物質。此外，金屬色的亮面瓶身上印刷的「能量」字眼，也會加強飲水做為能量飲料的想像。人們便可藉此幻想自己是超乎自己能力極限的強人，就像是動作片或運動場上的主角一樣。此外，一旦瓶蓋打開，即使在單車競賽時也可一手拿著飲料喝。由於它的明確訊息，瓶身成了加油打氣的教練，它激發人們更加奮力一搏。

對於面對其他挑戰的人來說，這類產品也有某些功能。它會激發人的鬥志，因此很適合競爭和功績社會的生活。在這種情況下推出的飲用水不只具有社會政治上的意義而已，更會擁護資本主義邏輯以成長和效率為導向的價值觀。就像更早以前（也就是當馬克斯・韋伯〔Max Weber〕所說的那個時代）透過基督新教倫理的鼓吹一樣，現在這種價值觀則是透過能量飲水產生，這種價值觀會每天不斷地灌輸給人們，而維持其吸引力。任何批判資本主義的成長社會的人，都會注意到產品設計的影響。（可惜發起占領活動的社會運動者忽略了這點，他們在二〇一一年占領華爾街銀行、證券交易所與藝術中心時，竟然沒有包圍雜貨店或百貨公司，並且譴責它們昭然若揭的資本主義產品製造行為。）

不論是哪個行業，這種產品推出的遊戲方式都大同小異，在產品方面則都和行為模式的訓練有關，因此對於商品美學的批判性關注就更加重要。通常是在不知不覺的情況下，相較於哲學理論、知識辯論或是日常生活的抬槓中，產品對於消費者的生活習慣的影響都要大得多。因此現代的產品設計者就可以實踐馬克思投射在哲學家身上卻落空的期望。他的名言可以改寫為：哲學家往往只是用不同的方式詮釋世界，而產品設計者則是改變世界。

然而我們也應該注意產品推出的開支。很少有人會為了半公升的水而設計出像模擬壓縮鋼瓶這麼不重視環保的東西。它的資源消耗這麼大，竟然沒有相關的資源回收系統。而且產品設計也僅是為了滿足一時的需求，只為了在扭開瓶蓋的瞬間可以發出嘶嘶聲，營造充滿能量的效果罷了。這種效果僅是一次性的，就算拿空瓶裝水也不能複製原來的效果。這些塑料終究會被扔到垃圾堆，如此一來，這種飲用水也正好符合它所代表的價值：製造商早就想到，提振經濟的機會無限，而人們根本不會想到能源和永續性的問題。

此外，那些傳達不同於「能量水」的價值的產品，往往也會有浪費材料的類似設計。使用者在環保的訴求和購買強勢產品的欲望之間甚或會天人交戰。某些礦泉水明顯會對使用者造成良心負擔，因為玻璃瓶裝實在太重，因此人們很難捨棄充滿爭議的塑料。但如此

一來，至少人們不會忽略掉資源回收系統和退瓶押金的做法。此外，騎單車時根本不可能攜帶這種瓶裝水，尤其是使用者必須用雙手才能打開瓶蓋。不過它還是扮演了療養水的角色，把飲用者都變成了病患，他們成了社會競爭和快速資本主義的受害者，而不是積極進取的功績主體。

製造商也會藉此訴諸若干權威，讓產品有些許功效的期待。瓶身標籤上寫著聖人的稱號，而其中裝著來自傳統朝聖地的神奇泉水，標籤上的十字架更可喚起宗教情感。當然製造商也會強調俗世的一面，標榜它是「國家認證」的礦泉水，綠色瓶身則代表「自然的」價值，最後還得加上「飲用須知」，其內容完全不亞於任何藥品的服用須知。如此一來，宗教、國家、自然與醫藥專業全都用上了，而目的就是要極力誇大產品的可信度。

這種礦泉水在政治範疇上再度面對同樣的問題。這種領先市場的產品究竟反應了什麼樣的社會？當消費者尋找那種強迫他們扮演渴望拯救的角色的產品時，難道不會讓人憂心忡忡嗎？當許多人極力尋求平靜和解脫時，它的社會責任又在哪裡呢？難道這種飲用水不會像那些突變成能量飲料的競品一樣，也鼓吹個人主義與自我中心主義嗎？難道這些產品的重點又回到增加幸福和效率的承諾嗎？

設計加隱喻，賦與商品新的意義

人們憂心消費者可能被教育成完全只關心自身幸福的自戀者，這其實不是空穴來風。而這樣的擔憂也不會因為出現另一種礦泉水而稍加釋懷。有人試圖讓飲用水從基本營養品蛻變成奢侈品，因此延伸成一種奢華經驗。近年來，產品製造商更把飲用水當作酒精飲品一樣推出，在法國的推案量遠甚於德國。正如其他的產品推出（像是能量飲料或藥品），他們會在礦泉水的設計上加入隱喻，並且傳達另一種範疇的形式與符碼。在此，飲用水就不會再以壓縮鋼瓶的樣貌出現了，而會是類似酒瓶的外觀設計。標新立異的特徵會在消費者心中貼上一種身分地位的符號，當然它也提供了哄抬價格的正當性。

然而語意上的升級也會導致習慣的改變。把水當酒或威士忌來喝的人，都難免會養成一種行家的習慣，在特定的環境下，分辨不同品牌的礦泉水的能力突然成了禮節上的要求。宴客的主人覺得有義務供應不同款式與不同口味的礦泉水，而任何想要讓賓客印象深刻的主人，都會想盡辦法在眾人驚喜之中端出大家不認識的礦泉水品牌，甚至拿出特殊的杯子以保證其風格。任何星級餐廳甚至必須僱用品水師，而奢華旅館中也會設有飲水吧檯，凡是任何生活風格雜誌提到過的各種款式礦泉水，在好的收藏櫃或「水窖」中必定都

不虞匱乏。

那些被譽為鑑賞家的消費者很快就沒有辦法隨意喝水了，因為喝水成了人們特地談論的話題。任何說得出細微差別的人，也會相信個別的水源有不同的功效。正如某一種酒品別具放鬆的作用，另一種酒則會讓人癱軟而疲倦，礦泉水也有放鬆心情或療癒心靈的功效。許多廣告都暗示著，一杯水也可以像香檳和威士忌一樣，讓人有個美好的約會，以前的廣告詞會說「何以解憂，唯有杜康」，現在若干品牌的礦泉水應該也有助於走出憂鬱症才對。

關於礦泉水的價值翻轉程度，可見於克里斯托夫・馬格努森（Kristof Magnusson）二〇一〇年的小說《當時我沒有》（*Das war ich nicht*）。書中主角之一是個遭逢寫作生涯瓶頸的年邁作家，當他正想要以旅館小冰箱內的飲料一解內心挫折時，他拿出了一瓶威士忌，接著讀者們就會讀到這段文字，「以及一瓶來自英國威爾斯，名為『舒緩心靈』（heartsease）的無氣泡礦泉水，其名稱來自『三色堇』（heartsease pansy），也就是德文裡的『野地小後母』（wildes Stiefmütterchen）」[譯注4]，這種礦泉水便擁有療癒受傷心靈的力量。接下來的句子就更引人注目了，「我先在威士忌中滴了幾滴水後便拿起酒杯一飲而盡，而心中塊壘一掃而空。」[32]

這款礦泉水和烈酒的關係正好相反：比起威士忌，礦泉水反而是更強烈的物質。即使我們都洞悉馬格努森筆下對於產品推出的諷刺誇張手法，它還是會傳達一種觀念，也就是小說人物也會被形容成容易受行銷的保證影響，因而有類似情境喜劇式的演出。過去的小說家總要藉著大喝苦艾酒解憂消愁，或是至少看起來要像個酒鬼才行，而且不時就要表現出酩酊大醉的形象，然而未來的小說家可能就會變成飲水過度的人，甚至非得喝特定款式的礦泉水才能文思泉湧。

譯注4　三色堇學名為*Viola tricolor*，英文俗名為「heartsease（pansy）」，字面上也有緩解心靈之意，不過德語俗名為wildes Stiefmütterchen，字面意思是「野地小後母」。

將礦泉水隱喻為酒精飲料的方式之所以廣受歡迎，應該和許多人的健康和健身意識的提升有關。現在也許還有人大談酒經，但其實他們早就改喝礦泉水了。由於礦泉水做為能量載體或藥方的產品推出，人們會更加重視健康並且避免接觸酒精飲料，然而他們倒不會因此迴避任何情境或習慣上的必要，例如那些與葡萄酒、威士忌或香檳有關的各種活動場合。更重要的是，他們仍然可以在喝酒的場合中展現品味，或者至少可以一起體驗歡樂的氣氛。

如此一來，喝水便在社會上占有更多優勢，而且也接收了過去十多年來吸菸擔負的功能。過去不管是在會議室、研討會、文化活動或展覽中，吸菸都是稀鬆平常的事，而今在同樣情境中，我們看到那些人手上拿的不再是香菸，而是一瓶礦泉水。隨著吸菸族群不斷在各種場所遭受驅離，喝水就找到了這些場所的入場券。接著便造就在社交場合喝礦泉水的人，他們手裡總是輕鬆又自在地拿著自備的水瓶，以炫耀他們的健康觀念。此外，礦泉水也在那些原本禁止吃東西或喝飲料的大型圖書館閱覽室中擁有豁免權。

當隱喻發生作用，影響至關重大

一旦人們終於認識到一個產品類型的隱喻化如此影響重大，或許就不會讓行銷經理人與廣告公司繼續為他們的生活做主。在礦泉水的例子裡，就要求人們自己去思考隱喻的一個道德問題。把喝水提升為一種意識行為的人，也會更認真地看待它，而且會意識到品質的問題。然而這樣的隱喻，儘管起初只是情感的堆疊（以及哄抬價格），卻也暗示了一個時代的到來，礦泉水會短缺，因而變得很珍貴。

某些礦泉水在一開始推出時就是要喚醒消費者對環保問題的重視，讓消費者知道水是很珍貴的財產，即使在自己的地區水資源還算充足。而他們也應該要為有足夠的水可用而心懷感恩，並且由此推論出我們必須幫助世界上水資源不足的人們。

因此礦泉水品牌「歌濤水」（Gota）[譯注5]的標籤上就出現一個難以想像的久遠時間，顯示該品牌的水源存在於大自然的蓄水層中已久，而任何人看到它居然源自兩百萬年前時，總是不由得肅然起敬。可是一想到他沒幾分鐘就把它喝光了，心裡就會覺得怪怪的，

譯注5　「歌濤水」是來自阿根廷的瓶裝水品牌，號稱來自南美瓜拉尼蓄水層的泉水。

甚至感到良心不安。隨興的消費行為竟成了褻瀆行徑，而且人們為此感到愧疚。當然製造商也會想辦法讓這些人立刻免責。瓶身上的標籤會繼續描述，昂貴礦泉水的部分收入將用以協助貧窮國家開鑿井水，改善許多人的生存機會。如此一來，這樣的消費行為就會從良心不安變成心安理得。

「提示管理」於此特別成功，一連串感覺有計畫地被喚醒。這與巴洛克藝術幾乎沒有什麼兩樣，如同藝術家普桑（Poussin）與魯本斯（Rubens）企圖讓觀賞者在欣賞他們的畫作時產生「如同三溫暖一般的情緒」。[33]透過構圖和設色的操縱，魯本斯的祭壇畫作會先讓人生起悔恨，進而引發內心贖罪的意欲。這麼一來，整幅畫就有了贖罪佈道的功能，當奉獻袋一排排傳下去時，教友都會心甘情願地掏獻贖罪。現今的礦泉水包裝也有類似贖罪佈道的作用，同時也提供免罪的方法。消費者最終會覺得很完美，宛如實現了柏拉圖真善美統一的理想：「至真，至美，至善」

便是「歌濤水」的廣告標語[譯注6]。

這次消費者不是變成勝利者、病人或行家，反而是有責任感的衛道人士，他們對於大環境很敏感，甚至擁有全球性的視野。其他角色是鼓吹個人主義，膨脹自我意識，而這種產品推出卻是為了其他人著想的。它尤其有教育的功能，涉及提高環保和社會標準的議題時，它會讓人們注意到以前被忽略卻至關重要的種種事實與現象。

近年來沒有任何其他角色可以和它相比擬：它讓跨領域的人們都能產生責任感。其實這也是對消費者的阿諛奉承：多虧有那麼多消費者表現出批判的、開明的、熱中又正派的態度，否則企業很少會有什麼責任感的。假使沒有消費者保護團體和生態社會（ökosocial）[譯注7]遊說團體的呼籲、假使沒有行銷研究的反饋，它的影響所及不會這麼廣，使得商品不只在生產流程和銷售通路上得以透明化，有助於改進各種生活條件。

譯注6　原文為「Be true. Feel beautiful. Do good.」，譯作「至真，至美，至善」。

譯注7　生態社會主義（Ökosozialismus）是結合馬克思主義、社會主義、綠色政治、生態學以及另類全球化運動的一種新型意識形態。生態社會主義者相信，資本主義透過全球化與帝國主義，在迫害人民的國家以及跨國體制的監督下不斷擴張，這正是造成貧窮、戰爭以及環境退化的關鍵主因。

在一九九〇年代，如果香水瓶上出現類似「責任」的廣告字眼不是那麼難以想像的話，它就不會引起任何驚奇。流行品牌「DKNY」的廣告中首先出現了這些字眼，以喚起生態社會的意識。它說該品牌香水採用「多哥共和國（Togo）婦女親手栽種與收成的」植物，將會讓那裡的人民改善「他們的經濟生活」。此外，香水瓶則是以可回收材料製作，儘管外包裝用了紙材，但是「原料來自經過認證許可的森林耕作區」，印刷油墨也是「低濃度的有機揮發性油墨（VOC）」，而生產工廠更是以風力發電。最後，就連紙箱也採用再生木漿製造的高阻隔薄膜（NatureFlex™ film）包裝，所有木料全都來自控管嚴格的耕作區。[34]

鮮少有消費者能夠博學到理解這些專業術語的意思，也很少有人可以精確地評鑑製程。然而正因為知識的不足，會讓消費者懷疑廠商不會那麼有責任感，因而自我鞭策，努力獲取必要的知識。因此，當這樣的文宣流行起來，許多企業就會提供關於內容物、生產方式、對於環境和勞工的義務的訊息，而多數消費大眾也可以獲得更多和氣候變遷、資源消耗、汙染材質或勞工條件的相關知識。比起任何政黨、公民組織、團體或聯盟，企業反而更會向更多民眾指出問題的癥結，或者接觸到那些平常對於這些議題漠不關心的人們。企業會這麼做，多半只是因為害怕失去市場，才願意為這些癥結提出解決方案。況且比起其他動機，這種方式更能夠讓大眾意識到環保足跡。投入動物保護、計算運輸和存貨成本的環保負擔，以及注意到健康的風險的，往往是現在的企業。

有些企業甚至也以教育者的身分自居：在家父長制度下的傳統企業。不過他們要求的是對顧客的責任，而不是對員工的責任。麥當勞在二〇一二年春季推出新的文宣品，列出該公司各項產品的所有成分。表格上總共列出將近四千五百項成分，諸如飽和脂肪酸、膳食纖維以及各種過敏原，但是印刷字體小到幾乎難以分辨。用意是強調麥當勞重視細節的形象，以及關心顧客健康與坦然的表現，藉此傳達：「請與您的孩子一同檢視這張表格，向他們解釋什麼是『仟卡路里』以及人體真正需要的營養，以便盡早建立起營養均衡的觀念。」

然而讓民眾擠在狹窄的空間裡閱讀那些資訊，只是以很荒謬的方式要求資訊盡可能的透明而已，因為消費者再也無法分辨什麼是真正重要的資訊。此外，與其指責企業的消極作為，消費者的懶惰和三心兩意也是應該受到批評的，因為他們沒有認真研讀這些資訊。

批判性的消費者原本想要讓廠商感覺到的良心不安，最後會回到消費者自己身上。他們多少必須懊悔地承認，企業要他們消化這麼多資訊，簡直是強人所難。

這種不是很積極又不求甚解的感受，如同和它對應的自我認知一般，在消費者心裡愈發強烈，因為文宣上提供許多進一步研究的網站連結，可是不會有人追蹤它們。他們說文宣品的紙材都是高級回收紙，而且是在沒有危害氣候的情況下印刷，可是任何人只要點一下相關資訊的連結，就可以證實：這些文宣品在印刷過程中總共製造了三十九噸二氧化碳，而且得到新喀里多尼亞風力發電計畫的補助。我們也可以進一步調查，誰是這項計畫幕後的支持者（某個法國企業），誰是贊助者，以及這項計畫為什麼要選在世界另一頭進行。

只消簡單的手法，便可讓消費者感覺良好

除此之外，也會有企業在雨林種樹、贊助垃圾回收的研究，或在其他國家成立類似印度太陽能廚房的計畫。許多計畫都在偏遠地區推行，這使得企業建立「全球參與者」（Global Player）的形象。此外消費者也由於為世界盡一份心力而自我感覺良好，進而激

發責任意識，並且關注自身以外的世界。

雖然消費者很喜歡四海一家的氣氛，他同時也會培養出在地情感，建立消費者對於區域的認同。使用國內產品就是一種有節制而合理的表現，並且可以避免荒謬的長程運送。只消簡單的行銷手法，就可以讓消費者覺得自己的作為值得肯定。如此一來，雞蛋、麵粉或鮮奶的產地資訊，也會盡可能對他們公開透明。不論是在蛋殼黏上一根稻草或雞毛，或是在盒子上印著農夫的照片，而且背景中那片野放農場正是雞蛋的產地，這樣一來，消費者彷彿和製造商建立了個人關係。

工業化產品製程所衍生的疏離與匿名現象，是整體現代中最常遭受譴責的事情，而這也將首度成為無效的指控。每當人們渴望「野趣」，想要拜訪過去的農莊時，他們心中就會想像著老朋友在農莊端著咖啡與蛋糕出來接待他們。而人們不需要太多的幻想，就可以構思出公開透明和友善的各種進階形式。

農莊網頁上可以看到新的家庭照片，或是轉播雞舍實況的網路攝影鏡頭。人們可以隨意選擇參與任何一種食物的生產過程，並且挑選造物主的角度做為觀察的位置，專注在自己感到興趣的部分。

企業透明化的程度愈高，消費者就愈會覺得自己可以呼風喚雨，甚至覺得自己可以因此控制、監管並觀看一切。然而消費者與造物主不同的地方，在於他們只能支配有限的資源，且無法掌控過多的透明度。權力反而會蛻轉成無力，當一切都可見時，閱聽者眼前的能見度卻極低，甚至可能每況愈下，就像廣告傳單讓人落入資訊的漩渦一樣。新聞記者庫茲馬尼（Stefan Kuzmany）就曾經描述他為了追蹤某些雞蛋的來源而感受到這種無力經驗。雞蛋上的條碼本來應該明確標示雞蛋的來源地。然而幾經追查之後，追查者不僅會落入一種荒謬的連結循環中，而且遲早都會發覺自己只是不斷在不一樣的波坦金村[譯注8]之間來回奔走罷了。因此過度要求透明化也會有受騙之虞。積極又有責任意識的消費者最後也不得不舉起白旗，再也不知道自己應該怎麼思考。[35]

儘管消費者在這樣的情況下沒有辦法研究與驗證任何企業公布的背景資料，他們還是覺得得到詳盡的資訊是理所當然的事。畢竟消費者心裡有數：「顧客至上」的意思就是要以消費者為中心。這樣一來，就再也沒有企業能在消費者的批判眼神下自信滿滿，而且如果他們聰明的話，就會一開始就盡可能誠實以對。

這麼一來，就會造成一種「典範轉移」。畢竟過去十年來，所謂以消費者為尊，都只是被詮釋成滿足他們最隱密（連他們自己都不知道）的願望。眾多市場研究的方式都鎖定在透明的消費者身上，只要他要求什麼，他們就會準確地提供給他。然而現今的目標反倒是鎖定在透明的製造商身上，也就是從企畫、產品的製造到運送以及「銷售點」的展示都盡可能的透明化。顧客至上仍是不變的堅持，畢竟羊毛出在羊身上。可是有沒有辦法看清楚消費者或廠商自身，卻是天差地遠的事。

譯注8 「波坦金村」的用語源自十八世紀俄國凱薩琳女皇時期。當她拜訪克里米亞時，波坦金為了塑造自己執政當地有方的印象，不惜在女皇經過的所有地方建造富麗堂皇的村莊、移栽森林裡的大樹，甚至發給窮人臨時的華服。凱薩琳女皇果真讚嘆不已，波坦金的政治地位也開始平步青雲。後以「波坦金村」形容為了營造形象而刻意建造的假象。

第3章

情境法西斯主義
Situationsfaschismus

消費社會正是一種「拋棄型社會」，每個消費批判者都會提到這點，而且在原料短缺和環境汙染的時代中，這個評論甚至脫穎而出，成為反對時下耗費時間和金錢，不斷追求新事物的風氣的最強論證。不僅是個人而已，整體社會似乎都成了「時尚受害者」（Fashion Victim），成為製造商和商人強力促成的商品週期下的犧牲者。辛辛苦苦賺來的錢一下子就成了垃圾，甚至是自然環境與後代子孫的負擔。對於各種流行由來已久的質疑，也適時出現了各種環保的版本。人們批評說那是陰謀論的趨勢，認為潮流和炒作，最新款式或必備單品，都只是片面獲利意圖的說詞罷了。這些廣告的目的是製造壓力並說服消費者，假如他們不盡快丟掉過時的東西、購買最新商品的話，就只能等著落人笑柄。

社會學家齊格蒙・包曼（Zygmunt Bauman）[譯注1]就以這個觀點對消費社會做了經典性的研究。他認為它可能「僅僅」是一種「奢侈浪費的垃圾產品」的社會，此間消費者的生活「被迫在嘗試與錯誤中不停地打轉」，而且永遠找不到「一條道路，朝向測繪可靠並且設置各種路標的安全國度」。消費者老是得擔心自己買到假貨，或者擔心會不會暴露自己欠缺品味、落伍或不專業的形象，其原因在於每天影響他的生活風格或時尚雜誌的廣告和文章，它們總是告訴他「今年秋季」或「下一季」必須擁有什麼東西。[36]

然而，儘管他在某些氛圍下嚴格檢視了個人是否做了特定消費選擇，而且擁有專注力和購買力以跟上流行，但是包曼對於當前消費文化的分析其實不是那麼準確，而且早已過時了。在高度個人主義的社會中，流行的支配已經失去主權，因此，不同於幾十年前，人們反而得以胸有成竹地獨立判斷時尚編輯或行銷部門的說辭。可是供應商總是有辦法讓消費者購買更多商品，雖然他們什麼都不缺。

以「情境」創造需求

除了「時尚」的原則以外，還有第二個原則，我們或許可以稱之為「情境」。重點不再是跟得上時代，而是要跟得上人們體驗的「當下」。以前在服裝上講究不同場合有不同的穿著：聽歌劇時會穿上不同於運動時的服裝，上班時的打扮也不同於家族聚會，同樣的區分標準適用於許多領域。[37]在週五夜晚和派對、星期天騎單車踏青或是用餐時的開胃

譯注1　齊格蒙・包曼是知名的波蘭社會學家。一九七一年，包曼因反波蘭猶主義被迫移居英國，後在英國利茲大學教授社會學。他最廣為人知的是其綜合現代性、大屠殺以及後現代消費主義的理論。著述範圍跨越了倫理學、文化與政治等議題。

菜，人們都會喝不同種類和品牌的啤酒。現在有許多家庭都會有一具平日用的烤吐司機，它必須是操作快速的，此外會有第二具烤吐司機，用在週末全家一起開心吃早餐的時候。星期五下班去迪斯可跳舞時，如果醉翁之意不在酒的話，就會在口袋裡塞一個保險套，而且是「瘋狂趣味」的款式；如果一對年輕人慢慢認識對方，並且在浪漫的氣氛下初試雲雨，他們會偏好廣告上說的「真實感受」的款式。

「時尚」原則是以另一種產品取代原產品，而「情境」原則是以更進一步的產品去補充原產品，更好的說法是：更多進一步的產品。一種產品的若干款式可能很類似，不過只要這些產品的使用情境不同，就可以免於相互競爭。只要家裡空間足夠的話，人們就可以迴避垃圾問題，遲早櫃子上就會有十來種茶葉，浴室裡同樣會增加許多類似的沐浴乳與香水。比起幾十年前，人均居住空間大了一倍，這既是情境產品生產和行銷的前提，也是其結果。「情境」原則也像「時尚」原則一樣，增加了資源的消耗，不過至今還沒有明顯引發什麼環保的問題，因此也躲過這方面的消費批判。

製造商的方法在於不只要思考要將產品賣給誰，更要留意它適合哪一種誘因。人們在什麼時候會購買巧克力、想吃巧克力、買巧克力來送禮？在什麼樣的情境下會買能量飲料？人們在廚房的哪一道工序中會使用菜刀呢？漸漸的，在行銷研究的支持下，整個日常

生活流程的情境都浮上檯面，廠商可以推出各種產品，以符合當下的期待、一個動作的價值，以及人們感覺到或想要感覺到的情緒。相較於晚上沐浴以消除一天的疲勞的人，習慣晨浴以精力充沛地面對緊張的工作日的人，他打開蓮蓬頭的心情自然是不同的。而運動後的淋浴也和熱身或寵愛自己一下的淋浴完全是兩回事。那麼，人們為什麼要在所有情況下使用相同的沐浴乳呢？

製造商找出個別的沐浴乳使用情境以後，就會設計對應的產品款式，紓壓的沐浴乳會有個類似「平靜之夜」（Beruhigender Abend）的名稱；而為了睡在別人的床上而不是自己的沙發上的激情夜晚，則會有個「精力冒險」（Energy Risk）的名稱。可是不只是名稱而已，就連整體的設計都要因情境而異。有了產品，這些情境才能更明確地被定義，而且感受更強烈。最好是產品所引發的每個感官刺激都有助於營造整體經驗。

前述「平靜之夜」的例子便是最好的具體說明。這個名稱是德語（雖然製造商來自英國），人們可以用母語稱呼它，光是這點就足以產生信賴感，也有安撫的功效。（許多產品採用流行的英文，則會有商業與全球流行的弦外之音，像是「戶外」〔Outdoor〕或「探險」〔Adventure〕。）四平八穩的字型，沒有太多曲線或花體，都暗示著穩定感，而更重要的是深藍的底色襯托著白色字體，沒有其他顏色比藍色更能讓人聯想到紓壓和信賴，這也正是安眠藥或鎮定劑的包裝會偏好藍色的道理。[38]瓶身的對稱造型也會產生乾淨、和諧的印象；而穹形也會顯得更加柔和，烘托塑膠材質光滑柔順的表面。那同時呼應了消費者一瓶在手的柔順感覺。

然而沐浴乳扮演的角色不僅是視覺與觸覺的刺激。聽覺與嗅覺也參與其中。即使消費者在打開瓶蓋時沒有特別注意到音效設計，但當整體印象被破壞時，他起碼也會有違和感。而在這種情況下，那個聲音聽起來就像是輕微的、釋懷的嘆息，宛如消費者在使用沐浴乳的當下就得以紓壓：人們彷彿可以拋開一切，喘一口氣，釋放壓力。

凝膠的氣味清淡，香氣不會太濃，瓶身上標示的檀香氣味承諾一種溫暖的感覺。從瓶中倒出乳白色的凝膠，馬上就讓人覺得備受寵愛。白色不僅暗示著可以洗去所有不愉快，也同時讓人聯想到母乳，宛如回到一個沒有疏離的療癒世界，回到遮風避雨的家。

人們在感受到由不同的感官刺激設計的產品特色以後，瓶身背後的說明文字則會再度激起理智的思維。那上面不僅提到人們必須承受的「每天的壓力和負擔」，也會提到沐浴乳如何「呵護肌膚和心靈」，「讓人有個美好的夜晚」。因此，沐浴乳提供一種心理治療，它是一種溫和的抗憂鬱劑，彷彿可以真的拋下挫折，關機然後重新啟動。

這種沐浴乳的生產起初是以店頭為目標的，因為在「多感官的提升」過程中，可以喚起內在印象，並且滿足眼前的各種期待。身心緊繃的人，由於產品的感官印象的刺激，會想像一個平靜的夜晚，並且享受遠離現狀的感覺。這種想像不僅是在消費選擇時才會產生。哪一種茶、葡萄酒、哪一種香氣蠟燭、哪一本書籍或音樂，是屬於這樣的夜晚，也都會浮現在內在的想像。於是，當人們在家時，聚集了所有寧靜夜晚的元素，這些想像就必須經得起使用的考驗。產品設計再度顯得至關重要，身體上沐浴乳的氣味必須讓人感到舒爽，它的濃度必須持久到讓人們有傅油的感覺，直到肌膚完全吸收。這樣可以延長人們呵護自己的時間，而這個照顧自己的動作會有慰藉和舒緩的感覺；人們可以再度集中精神。

所以，沐浴乳成了接下來的夜晚的開端。當然，音樂或閱讀或許比沐浴乳更有功效，因為人們會花更多時間在那上面，而且感受也會更強烈。可是像「平靜之夜」這樣的產品，可以先為沙發上的閱讀暖身，它就像是配合精準的情趣用品，讓人更加意識到夜晚的氛圍，感受也更強烈，甚至可以定義這個夜晚的特色。

其實現在有很多產品都有兩種功能：它們一方面可以做為活化劑，滿足且提高對當下情境的期待。此外，它們又可以將這些情境量產成為一種體驗，它們可以定義和決定什麼屬於這些情境，什麼則是屬於其他情境。

情緒的設計也已經成為日常的節目了。不只是在音樂的選擇，或是電視節目，甚至是購買麵條、巧克力或沐浴乳，都跟它有關。如此一來，相較於從前，消費產品更能夠形塑我們的生活和體驗世界；產品設定的目標總是強化、提升和改變情緒和情境。此外，誠如伯爾斯（Norbert Bolz）[譯注2]在《消費主義者宣言》（*Konsumistischen Manifest*, 2002）中尤其鞭辟入裡的說法：以前的產品只是用來滿足需求，後來才要求具備誘惑力，現在的消費者則會要求說「改變我！」。因此，消費商品成為「讓客戶蛻變的媒介」：「就像教育和治療一樣，重點是『人身處理』[譯注3]。」[39]

商品變成一種規範，影響生活

人們並不只是依賴電影或小說來建構關於一種情境的理想想像，也不只是透過父母親

和朋友，消費產品的成果也同樣重要。除了設計以外，也可以在生活風格雜誌裡推出產品，或在範圍更大的生活世界的廣告短片裡露出。這一些都會創造出體驗和行為的標準。如此一來，在定義以外的另一情境裡使用特定產品，就會顯得不合時宜。好比在大清早使用「平靜之夜」沐浴乳，而當天明明就要考試或應徵，如此一來，就會沒什麼感覺，甚至覺得很不妥當，當消費者嘲諷它時，最多只能說是耍酷而已。（它甚至可能是個藝術計畫，一直在另一種虛構的情境下使用一個產品，這意味著商品設計已經成為一種規範，而和它風馬牛不相及的使用方式則被認為是有

譯注2　諾伯特・伯爾斯是德國知名媒體與傳播理論學家，現任教於柏林工業大學。

譯注3　「人身處理」（people processing）又譯作「人的服務」，指的是對消費者提供的有形服務，而消費者必須參與服務並與服務業者互動，服務才能有效地傳遞。

創意的、顛覆挑釁的行為。）

現今的產品也充斥著行為諮商的功能，它們支配著生活，並以溫和的施壓告訴使用者應有的作為。產品的使用情境或情緒定義得愈是明確，適當的使用時機就會愈清楚。一個產品也會建議在同一個情境下會需要哪些其他產品。於是整個消費產品共同建構出一種合宜性體系（Decorum-System）（借用古代修辭學的概念），也就是時時行為得體合宜的規則架構。自亞里斯多德以降的修辭理論，對於特定情境的行為舉止（這裡說的是演說者）發展了一套堪為楷模的範疇。依照亞里斯多德的說法，一個演出者應該表達「情感與性情」，而且「與事實載體或題材相比顯得協調」。演說者必須知道該用哪些用語或題材，才不會把崇高的主題說得很粗鄙，把可恥的事說得很浮誇。[40]西賽羅（Cicero）顯然也將演說者的成就視為每個人在日常生活中必須展現的成就的特例：沒有什麼比在各種場面裡行為得體更困難的事情，而這正是人們時常犯錯的地方。他也進一步闡述在哪些情況下要考慮的哪些事。演說者必須考慮到出場的地方和時間、觀眾的狀態，也就是他們行動的氛圍。[41]

古人必須特別注意哪些手勢、套話和措辭在什麼時候是合宜的，他更要注意到服裝或配飾的禮儀，遵守社會階級，而今日消費世界中的公民，則是藉由無數產品的規定來調整自己的行為。在個人主義社會裡，標準化或許已經不再重要，可是整體而言，我們的日常生活或許還是和以前一樣拘泥於傳統。因此在健身中心裡穿著「山寨版」品牌的運動鞋，或是拿出產地名不見經傳或低價位的葡萄酒請客，甚至是參加十月啤酒節時沒有穿著傳統服飾，第一次約會時找一家自助餐廳，或是騎單車時捨棄安全帽、眼鏡與手套等標準配備，都會引人側目。生活風格雜誌裡充斥各式各樣的穿搭建議，甚至包括在柏林參加派對的穿著和配件如何有別於在奧斯陸或北京的打扮。雖說「時尚」原則和「情境」原則息息相關，可是用以建構不同的情境的配件以及穿搭的方式，都必須隨時因氛圍而異。

許多定義鮮明的產品也是送禮的最愛，也被視為絕佳的訊息傳遞者。買「平靜之夜」沐浴乳送禮的人，自然是想要告訴收禮者，他認為他的生活壓力太大或是人生遇到低潮。或者這樣的禮物也成為一種象徵，藉以期望對方有個充滿意義而且美好的時光，讓他有機會實現這樣的體驗，或委婉地告訴對方，偶爾也要放鬆自己或是多替自己著想。因此贈禮者就可以利用商品本身的特質影響他人的生活，卻又不必直接介入。

即使是擁有一切的人，設計感很強的產品也可以成為針對特定情境的禮物。在這種情況下，製造商就會推出全系列商品以因應各種情境。人們致贈的是情境的概念，而不是產品本身，藉此上演一個虛構場景，讓另一個人走進這個虛擬場景，就好像參加活動或電影院門票一樣。因此個別情境的配件也可以在送禮的過程更緊密地被定義。合宜性的規範於此也得以鞏固，並且在社會層面上產生效果。

此外，「銷售點」的角色也愈來愈重要。於是人們在書店或日用品商店中推出各種主題和生活世界，不論是薰香蠟燭或葡萄酒。在書店中可以證明，文學的虛構如何和個別生活情境的誇大無縫接軌，一本書的氣氛和角色如何透過無數事物而記錄、鋪陳或強化。一本以倫敦為場景的驚悚小說，會有下午茶、蛋糕和糖果，小說一開始就會設定完整的情境，讓書店裡的顧客彷彿身處在書中開啟的世界裡。（這種設定顯然也是送禮的好主意。）

典型的知識分子對這樣的產品大多會覺得很困惑或忿忿不平，因為他們覺得情境的大量複製是一種貶損，尤其是因為他們覺得書在虛構化和意義的創造方面有其特殊地位。然而業務員和店員只是把作家在他們以前做過的事顛倒過來而已。正如作者看到某些事物適合特定情境或氣氛，在行文中信手捻來描述它們，人們在書店裡把文學當作舞台指示，為書中出現的事物搭建舞台。

其實文學作品（如果它們真的都是要描繪一個時代或氛圍的話）會以凝練的形式顯現哪些東西適合特定情境，哪些是不合宜的。在伊里斯描繪二十一世紀初空白年代的柏林的浮世繪裡，出現了拿鐵瑪奇朵，藝術或創意領域的年輕人想要悠閒從事他們的工作時，都會在咖啡廳裡點上一杯。而拿鐵瑪奇朵「每次端上時……店員也都會播放『遠景俱樂部』（Buena Vista Social Club）[譯注4]的專輯」，這種音樂是讓人分不清工作和休閒的情境的必要條件。然而重點不只是情境而已，也包括氛圍。人們一旦發現一向報導很忠實的《*Brigitte*》雜誌推薦拿鐵瑪奇朵咖啡廳是「星期六下午五點到七點之間」的「柏林好去處」時，人們就會開始更換地點和飲料，以免顯得「反主流」。或者人們會以「諷刺的態度」遵守這種生活準則，而且希望其他人也是做如是想。[42]

消費也講究合宜性

不管是行為者或是觀察者，都必須有不同的注意力，才能熟悉各種情境或流行複雜而瞬息萬變的準則架構。正如古代的修辭學被視為「博雅教育」（artes liberales）（自由藝

譯注4　「遠景俱樂部」是位在古巴哈瓦那的一間俱樂部，時常舉辦舞蹈跟音樂活動，是一九四〇年代音樂家聚會與演奏的熱門場所，最終在一九九〇年關閉。

術）[譯注5]，並且被視為高品味的文化技能（數學或文法也是）[譯注6]，現在人們也把消費以及對於消費產品的態度視為一種藝術鑑賞力。唯有具備高度情境智力的的人，才不會窘態畢露，而反過來說，現在這樣的訓練更勝以往。為了因應情境處理不同的事物，人們必須具備豐富的處世知識。

然而「合宜性體系」不僅是社會因素的表現，如同亞里斯多德與西賽羅時代那樣，個體自己更能夠發展出清晰的概念，以辨別什麼東西在一個情境裡是可能的、必要的或被排除的。現今的產品都會具備標準功能，而且可以強烈地詮釋某種行為或體驗，藉此賦與產品在個人經驗上的重要價值。

美國作家茱迪・黎凡（Judith Levine）[譯注7]曾經記錄自己一整年的生活，除了生活必需品以外，什麼都不消費，也談到在其間產生的恐懼和困境。最讓她痛苦不堪的是她弄丟了「SmartWool」品牌的襪子，她必須羞恥地承認自己竟然沒有辦法踏上滑雪道了，「沒有那雙襪子我要怎麼滑雪？這種情況之下，我哪有辦法期待自己有最佳的表現，或是任何表現？」因為缺少在那個場合裡至關重要的元素，她最後只好取消旅行。然而比起這個損失，這位作家更難過的是這雙襪子對她居然有這麼大的影響力。她原本是極力批判消費的人，卻談到她和襪子的「近似病態的緊密關係」，並且大吐苦水說：「在我買這雙襪子以後，……一雙完全及格的產品（我那雙粉紅色的聚脂纖維保暖襪）竟然再也無法滿足我，甚至讓我無法忍受。」[43]

相對來說，這雙聚脂纖維保暖襪並沒有充分確定，不足以做為讓她在滑雪時證明運動能力和技能的情境。接下來的另一雙襪子，可以讓穿上它的人儼然成為專家，但是不同於聚脂纖維的保暖襪，並不適合做家事或躺在沙發上。然而當它有助於一種經驗的提升，也就變得不可或缺。正如人不願意放棄既有狀態，不得不接受以不完美的替代物取代原先的完美感受，他們也很難再把滑雪之類的情境當作平凡無奇的事。這雙襪子已經定義了一個標準，放棄這個標準總會是個缺憾。

消費者對於專業的重視，已經成為製造商和設計師最愛的伎倆，使得他們的任何動作已經不太可能沒有任何野心了。在已開發的消費社會裡，門外漢已經沒有容身之處，也很

譯注5 博雅教育又譯為通識教育或素質教育。西方古典時代中，身為自由的城市公民應該學習的基本學科就是博雅教育。

譯注6 文化技術（Kulturtechnik）指的是個體為了跨越自身與他者之間的鴻溝所創造的某種介面。

譯注7 此指茱迪・黎凡的著作《可不可以一年都不買？》（*Not buying it. My year without shopping*）。

難拒絕特定情境的體驗。相反的，人們處處被提醒他們的義務，各種事物好像教練一樣，時時逼迫他們，從運動鞋、牙刷到咖啡機。它們命令人們該做什麼，形成一種新的壓力形式：人們必須違反自己的意願叫價更高，只是不想成為一個被自己的東西出醜的魯蛇。

然而這不只是告訴我們，定義了一個情境的產品，它既會束縛消費者，也會對他施壓。同樣重要的是，通常會有數不清的產品同屬一個情境。因此產品的推出總是要宣稱和該情境下的其他產品等級相同。因此黎凡才會被引誘購買她的滑雪襪，因為她已經先買了一雙昂貴的滑雪鞋。每個有野心的、特定情境的產品，都會讓人落入消費漩渦，他們必須不斷升級，由該產品建構起來的標準，總是威脅他說他可能錯過了在該情境下的其他事物。人們用「平靜之夜」沐浴乳洗澡，再喝一杯對應的「晚安茶」，甚至點上一根適合的薰香蠟燭，卻少了純羊毛的家居服，只能穿著沒有那麼愜意的服裝躺在沙發上，那有什麼用呢？

具有決定性的產品必須滿足感官和語意性質方面的整體概念，而且只要少了其中一部分，就會引起一種不安的情緒，整個情境會顯得很混亂。[44]個別情境愈是升高，其他生活領域和活動的要求就會跟著攀升：想要盡情體驗放鬆夜晚的人，會想要能夠完美上演一個浪漫不羈的夜晚。如此一來，「情境」原則就會遇上問題，因為它施加的持續消費壓力遠勝於「時尚」原則。然而體驗標準的專業化卻鮮少具備明確的界線。

持續增加的情境類型以及相關新產品類型也會不斷地開發。想想看二十年前還完全陌生的「健康週末」，至今則兼顧了所有感官，按摩和三溫暖、餐飲、香氣、音樂和活動，都設計成一個整體事件。然而如果沒有不斷專門化的設備和專業的配件的持續刺激，假日運動或休閒烹飪也不會這麼流行。不管是一組五十公分高的檸檬榨汁器，還是比荳蔻本身大上一百倍的荳蔻研磨器，都沒辦法讓人隨興玩廚藝。

早在商店裡，這些東西就已經當起導演來了，也就是人們心裡正在播放的影片，想像為了家人、伴侶或好朋友下廚，因為廚藝精湛而受到讚賞，整個週末都可以耗在自己的廚房裡。廚具愈是與眾不同而專業，愈能產生充滿期待的未來想像。社會學家的研究指出，定義嚴格的廚具所喚起的期待，對於購買的決定影響甚巨，它會引進新的廚藝，讓人對於烹飪情境有更正面更感性的體驗。[45]

相反的，多功能的廚具（有別於荳蔻研磨器的多功能研磨器）就顯得無關緊要，因而無法打開內心的想像畫面。它同樣無法產生特定的情境或是賦與意義。另一方面，它們可能削足適履地迎合單一情境，而且拘泥形式，在日常生活裡反而不好用。對使用者而言，那簡直是強人所難，因為產品要求太多的意識，太多的意義和情感。人們會杯葛它們，以逃避它們的要求和強勢作為。它們就只能存放在箱子裡。可是消費者很容易被誘惑，馬上買了新產品，心裡的美好影片又開始上映。於是，製造商到頭來還是占便宜，如果他們持續開發定義嚴格的產品的話。

現在只要人們願意，就可以過著和經由行銷量產的各種情境無縫接軌的生活。這些多半是市場研究結果所致，而他們反過來試圖呈現消費者的期待，儘管降低了產品的命令性格（僅僅以消費者的期待去面對他們），卻不改它們定義情境的初衷。因此，當人們透過一個產品形成一種情境之後，就會持續努力讓該情境最佳化。人們不是要滿足所有個別要求，而是要正確評價各種情境。情境的完美化會成為主要考量，而其他因素都是次要的，而人們尤其覺得自己處於劣勢。「我輸給這雙襪子了。」這是黎凡對於她的襪子的結論。

消費文化不只是一套建構生活且有助於協助克服行為疑慮的「合宜性體系」，它是從強勢的產品推出發展出來的，說得極端一點，可以說是一種「情境法西斯主義」。只要個人沒有堅決反抗它的各種命令，就會淪為共犯。他們會在不同情境之間打轉，不停地購買流行的或昂貴的東西。儘管許多人覺得很刺激而且專業，卻總是會面對自己的空虛，因為身上總是少了一件配件，或者是不太搭配。

第4章

消費的多神論

Konsumpolytheismus

當然也可能有另一種說法。或許人們不應該承認物品在多元而又不尋常的情境裡有多麼強勢？人們可以透過它們訓練自己的行為模式，多虧它們的種種規定，人們甚至可以習慣新的角色。針對不知所措的新手父母，市場提供大量產品，讓他們覺得在處理新的情境時受到照顧而有所依循。以此類推，當人們走進另一個人生階段或是培養新嗜好時，商品的供應就像嚮導一樣地因應出現。而年輕人（考慮到他的消費力比較差）之所以有滿腦子消費問題，可能是由於父母的自主式教育方式以及現在比從前更自由的關係。消費產品於此擔負起教育以及社會化的職責。它們有助於人們的角色發掘。

此外，我們也可以看到，使用那些具有強烈詮釋功能的產品，如何讓人們對於各種情境更加敏感。假如沒有奢華地推出對應的產品，人們就不會如此有意識地體驗諸如淋浴、烹飪或刮鬍子等日常生活行為。有了那些產品以後，再平凡的動作都得行禮如儀。尤其甚者，透過產品款式的多樣化，對於個別的行為也發展出形形色色的詮釋和闡述。

產品開發者擔負起從前的詩人或藝術家那樣的角色。霍克尼（David Hockney）早在沐浴乳問世之前，就已經在若干畫作上描繪沐浴的體驗，那個體驗可以解釋成紓壓、寵愛和情慾，而絕對不只是衛生的措施而已。霍克尼於一九六四年的畫作《比佛利山的淋浴男子》（*Man In Shower in Beverly Hills*）描繪一個男人彎腰淋浴的畫面，蓮蓬頭的水柱沖著他的背部，有著按摩的功效。畫中男子雙手撐著，想要多沖一會兒。前景有一盆大葉植物，透露了身心休養的渴。而背景中以鮮花裝飾的餐桌也證明淋浴只是整個計畫的一部分，處處皆環繞著感官的愉悅。

霍克尼另一幅畫作《洛杉磯家務一幕》（*Domestic Scene*, 1963）的情境更加鮮明。在這幅畫作裡，除了水柱之外，淋浴者身後還有個幫他按摩的男朋友，站在他的背後慢慢靠近他，而巧妙掩飾自己高漲的慾望。整個畫面充滿了情慾。茂盛花束中的花萼形似蓮蓬頭，而畫幅右緣的紅色電話也意味著放蕩不羈的生活：有了電話，他隨時都可以找到新的約會對象。畫中呈現的當然是少數人優渥的生活型態，而那個男子腳上的運動襪和身後舒適的沙發在在表示，身在這個氛圍裡的人物不僅很有閒情逸致，工作本身也不是太辛苦才是。

如此強調情慾的淋浴詮釋，在當時並不多見，霍克尼所詮釋的景象也許只有在加州奢侈放縱的生活型態裡才可能窺見一斑。相反的，一般人提到一九六〇年代的淋浴畫面，都會聯想到集體宿舍和生活必需品，而淋浴則是有效率的衛生習慣。只待看向鐵幕另一邊的東德，此一畫面便躍然紙上。威利・希特（Willi Sitte）在一九六三年的畫作也描繪淋浴場景，我們也看到三個裸體男性。此外並沒有任何色情的聯想。它反而呈現精疲力竭的工人沉重而扭曲的身軀，在下班後想要清洗身上的髒汙。他們擠在一起，感覺侷促、憂鬱而冷淡，畫面裡完全找不到任何讓人心情變好的裝飾品。此外，光禿禿的磁磚地板是希特唯一的暗示：隱喻著淋浴時乏味而冷淡的氣氛。

相較於霍克尼的閒暇世界，這樣的場景還比較合乎現實。我們也不禁懷疑，要花多大的力氣才能讓大多數人覺得淋浴有正面的意義。一九七〇年代第一代的沐浴乳產品只是辯護式地推銷去除體臭的功效，接著過了大概兩年，才在產品設計和行銷方面多元地發展出整個附加經驗，也就是從紓壓到提神，尤其是讓沐浴成為多數人重要又令人愉悅的生活習慣。

產品不只詮釋情境，更是情境的一部分

此間也出現了名為「精力冒險」（Energy Risk）的產品款式，相當精確地體現了霍克尼在五十年前暗示的各種可能性。陽具外觀的瓶身，橡膠材質的觸感，證明了產品和情慾探險的關係，正如廣告裡的標語「沒有冒險，趣味何在？」（No Risk, no Fun），高調地鼓吹淫亂放蕩的行為。不只是瓶身呈現炫目的亮橘色，其中的膠狀液體從瓶蓋頂端的小

開口流出來，也同樣令人充滿遐想。半球體狀的瓶蓋上面有一個個凹洞，看起來很像高爾夫球。於是又浮現運動的主題，上演的是一個以休閒和樂趣為取向的生活風格。

相較於產品，畫作也許可以更生動地表現一個理想，可是諸如沐浴乳之類的產品，它的優勢則是可以同時滿足各種感官。尤有甚者，產品是它所詮釋的情境的一部分，更可以經由產品的使用而真正熟悉特定的感受。一方面設計師影響行為本身，根據不同的產品款式，要求沐浴乳具備另一種使用動作，另一方面又大張旗鼓地設定材料的形象和意義、顏色或形狀，以創造聯想空間。

沐浴本身充滿多麼強烈的情感，也可以從它成為小說裡受歡迎的主題可見一斑，在阿諾・蓋格（Arno Geiger）的小說《關於莎莉的一切》（*Alles über Sally*, 2010）中，主角們也在對他們而言很關鍵性的時刻淋浴，期望可以好好地在一天的另一個時段有個放鬆的心情。對女主角來說，淋浴尤其可以讓自己的回憶有個感官的空間，莎莉享受著「溫暖的蒸氣的舒適懷抱」。其中氣味特別重要。對莎莉的丈夫亞弗列（Alfred）亦是如此，就在家中被闖空門、遭到嚴重破壞之後，淋浴就像是證明其存在感的行為。「我必須洗個澡，」

這是他在受傷嚴重的情境下想到的方法，因而展開了一連串複雜的劇情，因為闖入者在浴室裡倒了一瓶西番蓮花精油，也就是廣告說在緊張和焦慮時有安撫作用的產品。其實這樣的香氣在淋浴時就會散發「特殊的情緒效果」，它就像是「開放的神經網路在整間屋子裡流竄」。[47]

這個類比暗喻著，淋浴（以及特定的香氣）和紓壓，甚至和解脫是如何的關係密切。在書中的情節裡，香氣是闖入者造成的，可是我們尤其不能忘記，他的神經有多麼緊繃。於是產生了一種模糊的，因而很罕見的經驗，很惱人的感覺，可是如果不是行銷成功，也不會有這個感覺。

在幾百年前，雖然產品設計不若現在如此具有決定性，不過也已經有透過事物去區分和規範行為的情況。以前隨興而懶散的行為經歷了升值，特地被設計和詮釋。這些行為是文明歷程的重要元素。社會學家諾伯特・埃利亞斯（Norbert Elias）[譯注1]在一九三〇年代時突顯了「物品文化」（Dingkultur）的重要意義，他發現，從中世到近世，「物品」如何成為日常行為更強勢的標準。他同時觀察到，在這段期間，「控制愈來愈緊縮而差異化」，而人們也漸漸成為感覺敏銳的社會動物。[48]

埃利亞斯以飲食習慣為例，提出相當經典的證明。他證明說，許多禮節都是在餐具文化專門化的過程中才出現的。而後者則是「特定的情感和尷尬的標準的體現」。[49]餐刀的使用早就有諸多限制與禁忌，而這樣的行為準則則是在叉子引進以後才確立和流行起來的，此外它也和切肉刀和切魚刀的不同使用時機有關。上流社會人士在某個場合下共餐時如何舉止合宜，這樣的觀念會體現在餐具定義愈來愈明確的設計上。於是發展出自己的「合宜性體系」以及嚴格的規定。此外人們也注意到不同的餐點的特性。直到十八世紀，為了前菜、主菜和飯後甜點發展出各式各樣的叉子和湯匙，就連玻璃杯也有新款式，像是水杯、葡萄酒杯或啤酒杯，紅酒杯和白酒杯也不一樣，不同的葡萄酒等級甚至要搭配不同的酒杯。「即使忙著用刀子、叉子或湯匙用餐而不用雙手，這還不夠。在上流社會裡，甚至出現不同品饌就得使用不同餐具的習慣……而這些餐具都有著不同的形狀和擺設。它們忽大忽小，忽圓忽尖。」[50]

藝術學者咪咪・赫爾曼（Mimi Hellman）尤其受到埃利亞斯的啟發，她以十八世紀法

譯注1　諾伯特・埃利亞斯（1897-1990）是二十世紀德國著名的社會學家，被譽為集二十世紀大成的人物與二十一世紀的社會學家，他是少數橫跨兩個世紀、享有盛譽的學者，著有《文明的歷程：文明的社會起源和心理起源的研究》。

國貴族的家具為例，證明桌椅設計不知不覺地規範了行為模式和禮儀標準，甚至比直接的禮節教育方式更有效。[51]無論是衣櫃的抽屜、櫃門和暗櫃都設計得相當精緻，只有熟悉細膩動作的人才打得開。但是在其他場合裡，人們也得熟諳舉止優美高雅。有些桌子設計得非常複雜，有許多調整、開啟和使用的方式，因而成了社交上的話題。人們透過使用，可以在同樣是箇中好手的第三者面前表達自己的其他期待，或是表現另一種層面的性格，而這些也都會以得體的方式進行。家具因而創造了差異化的標準，也讓人與人之間的行為舉止更加敏銳細膩。

就像埃利亞斯與赫爾曼對於從前的時代的探討一樣，未來的文化史家也可以觀察二十世紀和二十一世紀。不過他們著眼的不會是餐桌上的餐具或是餐桌本身（還有藉此策畫的情境），而會觀察化妝品、運動用品、電器用品或廚房用具的發展與差異化。他們會藉此證明，在短短的時間裡，人的行為舉止在許多生活領域裡都大規模地精緻化，直到生活領域處處可見合宜性體系。

人們也將會認識且讚美這種持續的文明歷程，如同品味和感受力的持續薰陶使得人際關係更加有紀律。衝動的控制也愈來愈嫻熟，而正如埃利亞斯對於中世紀和近代之間的數百年的觀察，「個體要求對於當下的衝動和本能刺激的持續控制」，並且在他心中培養

「適度的自制」，「就像緊緊箍住行為舉止的指環一般」，對於以無比奢華的物品世界建構出整個生活的時代而言，則更是如此。[52]

消費產品具備教育功能，並能促進人際關係

埃利亞斯的說法是「在日常生活 場景之中」（in der Kulisse des Alltags），人類在非文明情況下狂放不羈的整個暴力潛能會「儲存起來」，由此發展出「對於個體生活更加持續性而適度的壓力，而且人們經常不知不覺，因為他們早就習以為常」。[53]這樣的日常生活場景的盛大鋪排則更勝以往，場景中充斥著各式各樣的消費產品，它們以昇華的方式展現欲望和衝動，進而有助於人的教育。

埃利亞斯與赫爾曼觀察到的物品使用和社會感受力之間的關係，消費人類學家丹尼爾．米勒（Daniel Miller）[譯注2]對此也有精確的研究。在許多家庭的田野研究裡，他發現，

譯注2　丹尼爾．米勒，英國著名人類學者，致力研究物質文化與消費之間的關係。著有《物質文化與大眾消費》（*Material Culture and Mass Consumption*）。

和個別物品之間緊密而有意識的關係，「可以促進我們和他人的關係」。[54]米勒認為，由於回憶和感覺都會聚焦在物品上，人們在和它們相處時，會建立和醞釀各種情感的聯繫。一對夫妻興沖沖地照料家中大小細節，根據季節而有不同的擺設，同時和長大成人的孩子們相處融洽，在這個情況裡，米勒看到了「人們對於物品的照料以及對他人的關心之間的緊密關聯性」。[55]在另一個情況裡，一個人面對的是空蕩蕩的公寓或是租來的家具，米勒和他多談一會兒以後才發現：這個住戶既消極又憂鬱，因而沒有辦法過著愜意的社會生活。

批評者將消費視為在缺少社交生活時的替代品，米勒明顯地不以為然。他認為物品當然可以取代另一個權威。在國家和宗教對許多人而言不再有約束力的時代裡，人和物品的關係有助於防止混亂、恣意和混沌的產生。反過來說，「物品在空間裡的特性和排列」是有意義的。透過它們，「日常生活的習慣得以和一種美學相互輝映，那樣的美學為世界賦與一個秩序、平衡以及和諧。」[56]

米勒同時為他自己不曾提出的一個問題給與解答。根據他的分析，「情境」原則之所以能夠成功，是因為整個來說，現在的物品做為意義載體的重要性更勝以往。由於它們詮釋且定義了日常生活，俗世化和個人主義的文化才不至於失去定位。物品愈是針對特定情境而推出，它的調適作用就愈大，而且能夠滿足個人對於確定性和信賴感的需求。

他更證明了，主張以使用價值去評斷物品，那是不夠的。我們也再次看到，設計者和行銷部門的角色有多麼重要，而他們所選擇的詮釋方式以及對於適切性的想像，更是社會化的重要因素。再者，我們也得以從不同的觀點去理解許多產品推出的品質和原因。因此，即使根據市場研究而開發出來的產品最終只是證實了某些情感模式和陳腔濫調，我們也不一定要感到遺憾。固然，探究消費者期望是什麼的人，尤其會發現產品迄今在經驗裡要傳達的是什麼，以至於在「平靜之夜」之後推出了各種款式的產品，像是「夜之交響樂曲」、「閃爍之夜」、「撫慰靈魂之可可」或「芳香療法」等等。可是如果說市場研究給人的感覺是保守多於創新，那麼商品反而更能夠滿足為生活帶來秩序的需求。生活習慣的影響更加強烈，而人們不但不埋怨市場研究不給新產品機會，反而樂於看到透過物品的影響讓不斷加速而混亂的世界保持穩定。

如果說這和文化悲觀主義的怨懟互相矛盾，那麼就更難以支持文化評論的其他概念的合理性。人們又該如何評價運用其他領域的意義來源以達到產品的提升和標準化作用的行銷手段呢？製造商可以透過宗教、藝術或醫學的良好形象獲利，而且不必對這些領域提供任何回饋。因此這不僅招來寄生行為的指控，而且讓人覺得靠不住。而當日常生活的行為變成一個誇大的事件、救贖行動或是英雄事蹟，這種行為就每況愈下了。難怪每個領域的辯護者總是驕矜自大，彼此攻詰，而對於時下的產品世界，也只剩下文化批判的評論而已：「過去人們會洗滌心靈，到教堂告解。而現在則只要淋浴就可以了。」[57]

德國作家阿諾．史塔德勒（Arnold Stadler）也說，像是沐浴乳這樣的產品竟然宣稱有這麼多療效，而又不同於宗教活動。他以一連串例子說明和存在有關的範疇如何轉移成日常生活用品和商業產品，並且嗟嘆這個損失。於是「希望和樂趣脫鉤，期盼和健康（Wellness）領域脫鉤，人和消費者脫鉤，渴望和樂趣健身（Fit for fun）脫鉤，生存和美好住所脫鉤。」對於一直把信仰視為權威、因而不需要物品做為意義載體的天主教教徒而言，他所觀察到的現象，也正是文化悲觀主義的原因。有別於米勒的見解，天主教教徒只看到大難臨頭，「這個世代閱讀 IKEA 產品型錄的人比閱讀聖經的人還多，而主日……到健身房的信徒也比望彌撒的信徒還多。」

這樣的評論也透露了擔心消費文化漸漸成為傳統權威的勁敵，甚至取而代之的人們心裡的疑慮。他們因此很快就把消費說成一種「宗教替代品」（Ersatzreligion）；他們談到「金牛犢」[譯注3]的故事、偶像崇拜、迷信和拜物主義，以批評人和產品的關係太過緊密、期待太高。這樣的論述方式由來已久，即便像是茱迪．黎凡這樣的人，儘管她戒除消費的日記和信仰完全沾不上邊，卻也譴責自己說，那雙滑雪襪對她而言居然成了「拜物」。[58]然而，除了緊密關係的經驗以外，人們區分感覺好的產品和其他沒什麼情緒反應的產品，又有什麼不好的呢？也許選擇有負面含義的「拜物」一詞，其實是和根深柢固而不自覺的基督一神論情感有關，因為其中透露了（後來的回響）上帝對於任何能夠承諾意義和救贖（即使是一點點）的東西的妒嫉。

關於「消費是宗教替代品」的指摘的爭點在於，他們一方面抨擊「消費」想要接管信仰的地位，卻又批評說「消費」擔當不起，因而只是個假貨。這也意味著雙重罪行：消費主義既褻瀆又起不了作用。

消費文化具有「多神論」架構

可是既然第一個誡命原本就是反對多神教，現在更是要針對消費文化口誅筆伐。畢竟

譯注3　根據聖經記載，金牛犢是以色列人在摩西上西乃山領受十誡時所製造的偶像，而此舉違反聖經「不可崇拜偶像」的誡命。

消費文化的架構本身就是多神論：沒有任何消費商品和品牌是至高無上的，倒是很多產品都承諾能夠化腐朽為神奇，而且能提供一點救贖或意義。這樣就足以觸及宗教層次了。因此社會學家波爾茲（Norbert Bolz）倡言「品牌與時尚的多神論」，但是當他把消費文化貶低為「配不上神的宗教」時，同樣屈服於一神論的情感。[59]

撇開這樣的評價不談，把消費社會擺在其他多神社會的背景下，其實會很有用。人們在其中可以透過凌駕在他們之上、其影響力也難以控制的權力和權威，展現他們的力量、獨樹一幟的情境或者情緒強度。古典學家華特·歐托（Walter F. Otto）認為，對於古希臘人而言，「每個成就……都顯示了神性力量的直接干預」。他又說：「每個狀態、能力、心情、想法、行為和經驗，都反映了神性。」[60]

當人們藉由沐浴乳紓壓或是因使用體香劑而感到更加自信，都會認為那是商品美學的證明，甚至是設計師與廣告公司的緣故，可是以前的希臘人卻會認為那是神明干預下類似膏油的作用。誠如《奧德賽》（*Odyssey*）中所描述的，潘

妮洛普（Penelope）飽受求婚者的糾纏，他們趁奧德修斯（Odysseus）不在的時候想要奪權，另一方面也是因為她的香膏讓她身材更顯豐滿姣好。這種香膏讓她擁有平常難得一見的魅力。可是這種香膏顯示不是人間的產物，那是雅典娜從愛芙羅黛蒂（Aphrodite）那裡拿來送給她的。[61]

另一方面，雅典娜則讓戴歐米德斯（Diomedes）的武器發光，藉此賜與他力量與決心。[62]現在幾乎所有單車頭盔都會有冒險犯難的造型（或許帽子上面還有「mythos」〔神話〕的字眼）。人們看到這頂頭盔，立刻會沉醉在風馳電掣的感覺裡，就連可憐的初學者也可以覺得自己像是頂尖的單車選手。假想自己是環法單車賽或單車越野賽的主角，光是安全帽的支架，就讓他自以為可以獲勝甚至破紀錄。此外，頭盔外殼也變成根據流體力學設計的箭頭造型帽網，宛如迴紋狀的腦迴可以發揮鋸齒流線狀的高效能。誇張的名稱則更加支持這個印象：「瘋狂」（Maniac）、「鬥牛士」（Torero）、「火球」（Fireball）、「蟒蛇」（Python）或「革命」（Revolution）。它們可以在消費者心裡的影片增添題材和情緒，而且還有激勵的效果。設計適當的安全帽可以取代勵志教練的功能，把騎到鄰近超市的無關緊要的路程升級成很特別的事件。由於它的設計，頭盔看起來像以前的神明一樣能夠御風而行。

如此一來，現代的產品設計師也可以把希臘諸神當作他的同事或榜樣。兩者的重點在於為情境賦與鮮明的性格，並且據此讓猶豫不決的人更加堅定。而每個產品設計師都會把古典語言學家斯內爾（Bruno Snell）譯注4關於奧林匹亞諸神的描寫當作他們的職務描述：「當神與人類為伍時，祂會擢升人類，給人類自由、力量、勇氣與信心。」[63]一個希臘人把他在特殊時刻的體驗詮釋成自己的意志和神的意志的同工，他覺得自己既是被引導的，也是主動的作為。因此歐托說：「自主性以及神的影響和鼓勵，其實不是二擇一的。」而且「人的意欲與作為既是自己的，也是神的。」[64]

正如人們以神蹟來表示確切的事件，他們反過來也以受害者和祈禱向神蹟挑釁。人們都很清楚自己無法憑一己之力度過難關，於是會求助於神。整體而言，多神論的社會裡的人們，他們和更高權力的關係傾向消費主義，他們會在眾多供給當中選擇對當下情況最有利的。他們會想像他們的諸神都是長生不老而健康：祂們是可以信賴的，能夠賜與人類力量、勇氣、好點子、健康、愉悅和成功。

儘管人們會把神性和正面特質及功效聯想在一起，但是神明也可能棄人於不顧，讓乞求者吃閉門羹。接著情境就會偏離，主角甚或最偉大的英雄也會失敗，原本美好又優雅的世界也會瞬間變成平凡的、殘酷而乖違的地方。而人們愈是仰賴神明的幫助，面對失望和懲罰的風險也就愈高。可是和現代消費世界的類比是否不僅止於此？難不成原本對消費者有利的，也有其負面的作用，轉而反噬消費者呢？

譯注4　布魯諾・斯內爾（1896-1986）德國著名西洋古典學者。

第 5 章

消費成癮者

Spiegelkonsumenten

香草凝乳和口香糖應許著平和寧靜，沐浴用品承諾著好心情，乳酸飲料標榜「有益健康」的口號，巧克力的包裝上寫著警語式的「有志者才能吃」，而其他巧克力則是承諾溫暖安全，在這樣的時代裡，人們會有批判或至少是傲慢的評論是可想而知的事。如果人們感覺不到明顯的優勢時，該如何面對自吹自擂的行銷呢？老實人也不得不承認，他們會因為產品宣稱健康、耐用、和諧或安全而買了某些東西。而做為批判性的消費者，人們對於大多數產品的應許再怎麼不為所動，因人而異的、在個別情況或特定情境下的個人願望，

仍然會影響購買行為，根本不容他使眼色或自以為是。至少幾乎每個人都曾經因為覺得產品宣稱的功效言過其實而放棄購買它。一種據說有提神效果的乳霜，人們或許會因為它又號稱有紓壓作用而嗤之以鼻，但是顯然並不完全排斥產品的功效。人們一方面喜歡嘲笑產品應許的功效，卻又很少能夠超然以對。面對星座專家或拍馬屁的人也是如此，雖然覺得他們的話不可信，卻不會因此想要排斥他們。對於他不相信的事情，人們也總是半信半疑。

有一則有名的軼事，頗能用來描述多數人面對消費世

界的行為，德國物理學家維爾納・海森堡（Werner Heisenberg）與丹麥物理學家尼爾斯・玻爾（Niels Bohr）在某次訪談中說到這個故事。有個人在自家度假小屋的門前掛上了馬蹄鐵，「結果有個朋友問他，『所以你很迷信嗎？你真的相信在門上掛著馬蹄鐵就可以帶來好運嗎？』結果這人回答說，『當然不是，但是就算不相信，聽說這樣多少也是有幫助的，不是嗎？』」[65]

消費世界是傳統迷信世界的舊瓶新裝

人們面對現今世界的消費產品，多少也和面對傳統迷信一樣。為什麼我們不能把消費世界視作傳統迷信世界的舊瓶新裝呢？難道所有社會的功能不正是給與人們實現無法獨立為之的期待和願望的地方嗎？就連一神論的文化，也從來都沒辦法將所有救贖的希望全放在一個權威身上，並且消滅任何在它以外的信仰形式（尤其是迷信）。可是每個時代的迷信者也都可能會否認他們相信物品或儀式擁有助力。無論如何，他們變得更有反省能力，而不想承認什麼淺薄無知的世界觀，後者以為人的歷史是從神話演進到商標，從巫術世界演進到理性世界。我們不應該以為迷信會漸漸消失，世界也會除魅（entzaubert），而應該了解到，迷信的行為始終存在，只是對象和形式不同而已。以前對於馬蹄鐵的期望，現在則是轉向優格、冰淇淋、洗髮精或咖啡品種的承諾。

奧地利哲學家羅伯特・法勒（Robert Pfaller）認為，迷信的想法都和沒辦法說服人們的事情有關。他以法國精神分析師奧克塔夫・馬諾尼（Octave Mannoni）為例，他說「信仰（foi）是一種想像，我們在其中可以看到有個擁有者，也就是信仰的主體」，而有別於「迷信」（croyance），後者只是「沒有信仰主體的想像」。[66]我們或許可以說，不同於虔誠的基督徒那樣嚴謹的信仰者，迷信者總會覺得自己的行為是不由自己的、和自己有距離的。然而這種行為對他而言並不會失去合理性，它可能多少還是有用處的。

因此這些迷信者反而像是古希臘人一樣，他們雖然信仰諸神，卻不是絕對地相信他們，正如古代史學家保羅・費尼（Paul Veyne）所說的，「對古希臘人而言，諸神是住在『天上』的；然而要是他們真的看到神祇出現在天上，他們或許也會很驚訝。」[67]古希臘人會向諸神獻祭，卻也津津樂道那些誨淫誨盜的故事，諸神在那些故事中幾乎沒有好下場的。黑格爾（Georg Wilhelm Friedrich Hegel）在談到希臘人和諸神的關係時說，他們的信仰是「崇拜中的諷刺」（Ironie in der Verehrung）。[68]這和現在的消費社會有異曲同工之妙：在人們購買號稱能夠滿足特殊渴望的產品時，他們其實是批判消費的，也都明白所有產品推出的各種把戲。許多產品的承諾都明顯誇大不實而無法兌現，就像是承諾體香劑擁有某種「力量」，這會導致消費者對它採取諷刺而疏離的態度。因此製造商特別讓消費者產生批判性和優越的良好感覺，可是他們也很清楚消費者其實是很期待他們承諾的功效。

可是它又成為實踐部分的承諾的前提。有個女性消費者在巧克力的開箱文裡寫著：「我感到很平安，」而它所承認的正是安全感。[69]另一位女性消費者更是鉅細靡遺地形容同款巧克力，她說：「這種巧克力最適合我這種在漫長冬夜飽受憂鬱之苦的人，面對困境、尋求慰藉的人。這款美味的巧克力剛好很對味，加上濃稠的焦糖，提供了真正的慰藉。」[70]而在一則強調含氧量的礦泉水廣告中就出現了這樣的句子：「過了半小時之後，我的頭痛一掃而空，我現在覺得自己精力充沛。」[71]就連失望評論也很有特色，因為它們透露了對於產品的承諾的期待有多麼高，某位試用者就這樣嚴詞批判同款礦泉水，「根本不覺得有什麼功效……」，接著在幾次證實之後，更加篤定自己的懷疑，「這款礦泉水對我根本沒有功效，」於是決定回到機能飲料的懷抱。[72]

安慰劑與反安慰劑效應

如果說產品真的有效，那也很少是因為這些產品擁有特別的客觀功能。礦泉水的含氧量沒有辦法促進身體循環，而巧克力也沒有可以促進賀爾蒙分泌的蛋白質以產生它所宣稱的安全感。產品的功效反而和醫療或心理層面上所謂的「安慰劑效應（Placebo Effect）」譯注1有關。這種現象在藥學領域尤其為人所知，它出現在某種藥劑或治療方式產生效用的時候，雖然無法證明其根據。[73]其正面功效不是來自特定的有效成分，而是病患對其效用的信心。一片全糖製的藥丸可以止痛，醫生的觸診可以消除緊張，而許多報導裡的其他療法也號稱可以緩解甚或治療諸如帕金森氏症或憂慮症等重症。

產品承諾的精準推出也有助於其實現。安慰劑效應的存在最能證明美學設計的各種可能性。它們鮮少是透過醫學家或醫生等權威人物凸顯出來的，也不會是諮商或求神問卜的神祕行為的結果。它毋寧只是產品設計與廣告的成果。由於產品的作用，這個信念超越了種種懷疑，讓人得以激化、放鬆、更有活力或提升專注力。

最具影響力的行銷學者傑哈德・薩爾特曼（Gerald Zaltman）譯注2也說，行銷基本上就是要產生安慰劑效應（「多數行銷都與安慰劑效應有關」）。[74]產品如此設計，是要賦與它們醫藥用品的權威。它們會以維他命、蛋白質或礦物質做宣傳，就連體香劑這樣的產品，都可以暗示說其成分可以透過新陳代謝吸收進去，而不只有表層的效用。馬汀・林斯壯認為，諸如「感官先驅」（Sensory Pioneer）之類的醫療產業，擴大影響了其他領域，它和化妝品或營養補給品之間的分野也愈來愈模糊。行銷規畫和安慰劑效應的關係（「品牌化和安慰劑」）也漸趨重要。[75]其實現在市面上已出現了諸如「藥妝品」之類的複合產品類型，乳霜和酊劑也都以藥品的角色登場。

然而這也只不過是消費主義和傳統迷信形式之間的進一步類比而已。蘑菇或草本植物之類的營養產品經常被認為具有一定的療效。只要經過巧妙的規畫，讓人聯想到各種習俗和源流考，它們的醫療角色性格就會水漲船高。同樣的，就算是優格或晚霜也都成了藥品，只要包裝承諾有說服力就可以了。凡是傳統市集還買得到的新鮮藥草，不管是改善記

譯注1　安慰劑效應又名偽藥效應，是一種自身將受到安慰的感受。意指病人獲得的治療雖然沒有實質效用，卻會因為預期或相信治療有效而讓病癥得到舒緩的現象。

譯注2　傑哈德・薩爾特曼是全球首位引進腦部影像科技來研究消費者行為的學者，目前擔任哈佛大學商學院行銷學教授，也是該校「心智與大腦研究小組」的重要成員。多年來，薩爾特曼一直在消費者心理領域備受行銷業界推崇。

憶力或延年益壽，那都是新舊形式的迷信之間不著痕跡的過渡。

此間也有人詳實研究若干消費產品的安慰劑效應。人們致力於探討影響產品權威的不同要素，其中也包含了售價。就以能量飲料為例，他們測試消費者面對同樣產品在專賣店的高價位與折扣商品店的低價位時的反應，也會在若干實驗系列中改變實驗的條件。[76]

在其中一個情況裡，受試者在測驗之前先觀賞一段影片，強調該能量飲料提神的特色。一組受試者不僅先買了高價位飲料，而且被指示在答題以後要評估那飲料的功效如何，實驗結果證明，他們的成績平均比沒有喝飲料的受試者高了百分之三十。他們的成績之所以比較好，其實是安慰劑效應，而不是能量飲料的成分所致，我們可以從以低價買到同樣飲料的受試者的行為比較得知，他們的成績並不比沒有喝飲料的那一組高到哪裡去，另有一組受試者，事先沒有特別被告知評估飲料效用的事，他們的成績反而差了許多，大約低了百分之三十。這裡要觀察的，不僅是預期的安慰劑效應，更是「反安慰劑效應」（Nocebo Effect），以低價購買能量飲料，也沒有注意到它的可能功效的人，其表現反而比沒有喝能量飲料的人更差。

而在另一組實驗中，實驗對象不會看到飲料廣告，不過他們會在飲用後和答題前的空檔觀賞一段影片，告訴他們這款飲料一定會發揮作用。這次出高價購買飲料的人答對題目的數量大抵上都一樣，不論他們是否特別注意到飲料的效用。而沒有喝飲料的對照組，他們的成績也沒有差多少，因此在這樣的情況下就沒有辦法清楚證明安慰劑效應。以低價購買飲料的實驗對象，成績卻有明顯的落差，尤其是事先知道要評估飲料效用的那組實驗成員。

低價與折扣反而減損產品優勢

如果說，高價位只有和密集廣告以及可能功效的呈現結合，才能夠產生正面效應，那麼低價位也在若干情況下遇上問題。顯然透過廣告的承諾，消費者比較容易擔心買到的產品是否便宜沒好貨。可是如果沒有廣告，也可能會讓人心生疑慮，也就是在其他場合裡談到產品功效的同時，人們心知肚明該產品的售價低於其他產品。如果說，高價位可以加強產品的承諾（或者只是讓諷刺性的消費行為更加難以想像），那麼低價位就會讓消費者的信心大打折扣。低價位會引起不信任感，最終演變成為負面作用。

低價位反而會讓產品消費原本的優勢產生負面效果：諸神真的可能會反對消費者的行為。低價位會變成對消費者的詛咒。而這又是消費社會與多神信仰社會之間的另一個相似之處，也是產品與迷信的對象的進一步對比。換句話說，它們不能太簡單或廉價購得，否則就沒有效用。如同《德國迷信詞彙手冊》（*Handwörterbuch des deutschen Aberglaubens*）[譯注3]中所述，「如果要幸運獲得一個東西，有一個必要條件……那就是不可以在購買過程中討價還價。」其主要原因便是「如果想要擁有它不折不扣的完整力量」，那麼就要避免「在表面上減損標的物價值的行為」。[77]

所以說，吝嗇絕對不是很酷的行為，它反而是危險的。而且在充斥著便利商品的現代社會裡又更勝以往。過去廉價甚或免費得到的東西都會有正面效果，因為那些產品都是經由辛苦而昂貴，甚至是嘔心瀝血的製程才得到它的權威。《德國迷信詞彙手冊》處處可見相關例證，證明了產品功效（安慰劑效應）至少是取決於研製耗費的工夫以及高價位。現代人只要購買任何印有「活力再現」或「促進機能」等廣告字樣的沐浴用品，就可以真心期待藉由沐浴而恢復精神，然而過去則是要透過一種由「羊蹄、牛骨與牛胃（又稱毛肚）以及各式香料在月圓之前」一起燉煮而成的肉汁，不然就是要站在「九棵腐爛樹木之間的」爛泥巴上才行。[78]

消費行為將導致社會分裂？

如果在過去傳統迷信的年代裡，太懶惰而沒辦法做吃重的事是個劣勢，那麼現在那些愛買便宜貨的人也應該是有什麼弱點。然而在幸災樂禍的同時，實驗的結果反而讓我們很不安地看到，手頭不寬裕的人只能選購特價品或廉價款式，由於這些人不但不會有安慰劑效應，甚至有「反安慰劑效應」之虞，社會差異很可能會更加尖銳：已經處於弱勢的人，會因為廉價消費而被認定是個魯蛇。因此窮人難以奢望得到更多的服務，而那卻是他們在物質和社會地位方面向上流動的前提。相對的，有錢人可以不斷自我麻醉，因為他們不僅消費更昂貴的產品，也相信更多功能增強的廣告，不管那廣告是在生活風格和時尚雜誌或是電影預告片裡看到的。

直到近幾十年來，許多產品才開始加上「升級」的承諾，因此它產生的結果至今沒有太多的討論。運動賽事裡的禁藥問題已經有諸多討論，然而以消費為條件的安慰劑與反安

譯注3　《德國迷信詞彙手冊》成書於一九二七至一九四二年間，由瑞士民俗學家霍夫曼—凱爾（Eduard Hoffmann-Krayer）與貝希妥—史托博利（Hanns Bächtold-Stäubli）合作完成，全書共十冊。

慰劑效應所導致的競賽扭曲，不管是道德哲學或社會福利政策，都不曾對此口誅筆伐。可是他們起碼要認真探討一下，因為消費而造成社會階層更加僵化，那代表了什麼樣的一個社會。當具備天賦和能力的人形格勢禁，只因為他們生在一個充斥著反安慰劑效應而非安慰劑效應的消費社會裡，那又代表了什麼呢？在極端的情況下，那會不會甚至產生社會分裂，而讓我們想起了反烏托邦的預言呢？因為廉價消費而受傷的下層階級被自我麻醉的有錢消費者統治，他們的消費行為不會讓他們獲得更多的能量，心情也不會變得更好，更不會增加自信，既不會更強壯，身材也不會更好。

對於平常仰賴特價品和廉價商品、買不起有安慰劑效應的商品的人們而言，我們是否就瞧不起他們，對他們不屑一顧呢？比起那些含著金湯匙出生的人，這些人畢竟必須更加腳踏實地才行。如果他們的成就受到讚美，他們或許會更有自信，願意更加努力向上，進而可以抑制反安慰劑效應的出現。反過來說，有錢人會一直有個污點，其地位都是不勞而獲的，進而在極端的情況下，他們反而像是個詐欺犯。

其實現在也有塑造新英雄的趨勢。於是，近來冒險文學如雨後春筍般誕生，作者暫時脫離消費世界和功績，書寫他們自己的故事。茱迪・黎凡戲劇性地為了失去一雙襪子而告解的《可不可以一年都不買？》也是屬於這個文類，蒐羅了各種「不消費的嚴格考驗」。

[79]她在書中描述自己的「焦慮、恐慌與憂鬱」，在回顧其實驗時更質疑在脫離消費之後，「人類還能不能夠保有正常的社交、文化與家庭生活，或者職業、身分認同與『我』的概念」。[80]黎凡沒有消費，也沒興奮劑以自我麻醉的生活是個強制性的例外狀態的結果，而馬克・鮑伊（Mark Boyle）[譯注4]則在描寫完全不必花錢的生活，那可是攸關性命的冒險。他「必須在月黑風高又沒有燈火的情況下在原始森林裡生活」，接踵而至的，是面對無法估計的各種風險時的徬徨和無力。那是一種「排山倒海而來的恐懼」，任何人都「難免會失足、摔跤和受傷」。[81]

有別於幾十年前為了追求獨立和自由而脫離勞動和消費的循環的反抗者，現在的冒險者很清楚自己這樣的生活只不過是自找麻煩。他們意識到自己有多麼依賴消費世界的承諾，也發現當自己再也不買化妝品、家用品與運動用品時，損失的不只是生活上的方便而已。讀者們好像是在讀驚悚小說一樣地享受閱讀，驚豔於作者們苦行的意志。可是以前的苦行是放棄飲食和性愛，而成為超塵絕俗的人物，現在的苦行則是透過節制消費以獲得更

譯注4　馬克・鮑伊著有《一整年不用錢》（*The Moneyless Man: A Year of Freeconomic Living*），他是英國《衛報》及《倫理消費者》雜誌專欄作家，曾發起「免錢經濟」運動並將經過撰寫成書。

多的肯定。因此這些冒險家其實也是消費主義的重要性最有力的證明。他們知道產品如何建構整個生活世界，而如果沒有這些點點滴滴的意義和情緒，沒有那些興奮劑，生活會是何等的煎熬。

然而人們總是可以指控黎凡與鮑伊的行為少了那麼一點情感，或者不過是在賣弄風情罷了。因為他們把自己當作主角自我吹噓，雖然以暫時放棄消費做為自願性的實驗，然而許多真正貧苦的人卻不會因為自己困頓的生活而獲得相同的認可。他們沒有什麼意志力可以讚賞的，他們的生活的困苦遠大過冒險。他們別無選擇，只能繼續接受「不消費的極端考驗」，對於這種書，幾乎沒有人會感興趣。把自己的生活境況當作冒險小說的一個版本，為有錢人講述其他有錢人的故事，這樣的人對於窮人的生活更是麻木不仁、充滿歧視。這類不斷推陳出新上市的著作，既加深社會差距，也助長聲色犬馬的生活型態和炫耀的消費。

可是像是黎凡之類的作者所描繪的經驗應該會讓許多人震驚，以至於把整個消費文化的領域當作社會福利政策的問題。它之所以被社會排斥而成了羞恥的事，不只是因為大多數社會與文化生活形式都已經商業化而唯利是圖，更是因為窮人的消費是個沉重的問題（那些冒險文學家對此根本隻字不提）。他們不僅面對反安慰劑效應的威脅，人們也持續以各種廉價商品打發他們，其中多數都是些品牌產品的仿冒貨，而且是以匆忙湊合的典當品構成的。

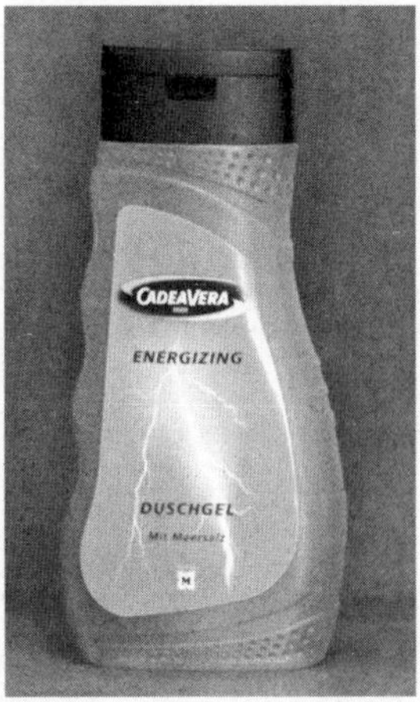

這些商品的包裝上可能也會印上和高價位品牌商品相同的產品承諾，但是產品的整個推出卻很不可靠，因而只能被想像成一齣荒謬劇。當消費者轉開一瓶上面寫著「活力四射」的沐浴乳時，卻只聽到嘎吱的摩擦聲響，而瓶身設計比例錯誤，宛如品牌產品不合用的變種，那會是一瓶什麼樣的沐浴乳？此外，瓶身上印著「內含海鹽」的字樣，也和活力主題完全搭不著邊，紅色貼紙更顯得突兀。這根本是警告人們不要使用該產品。包裝上畫的閃電是想人聯想到電能，海鹽卻讓人想到水，兩個加在一起，則是在浴室中觸電的危險。

負面聯想會讓產品的承諾出現反效果，摧毀產品的誠信。被迫購買這種產品的人都會覺得這樣的消費是一種懲罰與持續嘲弄，不情願地生活在消費社會邊緣的人都會記得是什麼東西將他們拒於門外。沒有因為這種系統敗壞的、犬儒式的對待方式而沮喪、退卻、麻木的人，往往愈是充滿自信。一本描寫身上只有一歐元商店的東西和廉價商品的人（因為他買不起其他產品）的書，會比冒險文學更有啟發性。如此一來，總算有人探討日常生活裡讓人難為情的廉價消費了。

為了減少產品在心理社會層面的負面影響，人們不僅要對抗反安慰劑效應，而且要批判整個產品的附加承諾。如此一來，產品促銷折扣戰就會著眼於傳統的使用價值。然而為什麼將來不乾脆正視保護消費者的觀念，警告消費者那些產品承諾沒有客觀根據，或者根本是蔑視消費者呢？這樣一來，不但可以逐步避免反安慰劑效應，藉此提升產品推出的水準，而且至少也把若干商品美學的陳腐鄙陋歸咎於製造商。

如果要藉此讓人意識到反安慰劑效應或安慰劑效應，著眼於價格或產品推出的角色，那還是不夠的。我們或許可以透過其他實驗找出安慰劑效應的其他因素。如果某項產品或品牌的形象很好，它應該比那些形象差的產品更能夠實現承諾的功效。[82] 此外，優良產品標章也可以產生權威效果並且為產品承諾背書。[83]

然而產品是否可以發揮安慰劑效應，以及如何發揮，最終還是取決於消費者。根據觀察，實驗對象喝的具有安慰劑效應的飲料，無論外觀或口感都很像是能量飲料，因此他們就會預期自己的成績應該和喝了真正能量飲料的人一樣好，甚至超越後者。[84] 心中有高度期待的人們顯然會深信不疑，以致於對於消費產品的質疑也無從置喙。這些人的迷信態度於是翻轉成信仰的行為。他們至少不再對特定商品或品牌挑三撿四，而化身為忠實粉絲，會願意為了新產品排隊等待幾個小時，甚至願意以黑市價格購買。

安慰劑效應在認同上的重要性甚於在迷信而悖理的行為上，而品牌和產品的角色也比較接近意義賦與以及療癒的角色，就此而論，我們在藝術上可以窺見一斑。幾個世代以來，許多人對於藝術發展出如信仰一般的熱誠，因而會期待驚艷於個別作品。不管過了多久，他們還是會認為自己的期待是真實的，可是在消費產品方面，多數人仍然認為自己其實受到行銷的影響，因此如果有什麼驚艷的感覺，那會是很不愉快而且幼稚的事。

在藝術裡，安慰劑效應的其他因素也最為突出。人們對於在近代和當代藝術的期待尤其強烈，這樣的期待最多只有在零星的產品上面才看得到。這是由於大多數產品只能提供界限明確的功效承諾，但是人們對於藝術作品卻有著形形色色的期待。因此，對於同一個作品，有人尋求刺激和感動，也有人期待著寧靜、和諧、滌清和解脫。在各種情況下，藝術都應該能夠讓心靈開闊或更上層樓，給人們正向的感受，改善閱聽者的心理狀態。這使得藝術具有類似療癒的性格。

對於藝術的高度期望和要求，不一定是基於作品可以客觀衡量的性質，因此難免會出現安慰劑效應，甚至是不得不然的事。事實上，近代和當代藝術不只是價格狂飆的問題而已，在畫廊或是藝展中甚至有特價或「零頭定價」的禁忌，商人早已知道便宜的假象會喚起的負面效應。可是如果讓人願意掏錢的藝術的價格比所有東西都更昂貴的話，那麼應該是期待藝術有更多特殊能力的關係。[85]

再者，藝術家（尤其是知名的藝術家）的形象也勝過大多數的名牌。因此人們就會將真實、誠意、清白、無私，甚至天才等特質和他們聯想在一起。這也賦與他們的作品一種例外性格。而著名的畫廊者拍賣會也可以另外為他們背書。在這個情況裡，他們取代了認證標章和證書的功能，同時為他們選擇的東西提供品質保證。

對於藝術的高度要求只能透過安慰劑效應得到些許的滿足，因此展演哲學家（Performance Philosoph）巴松・布洛克（Bazon Brock）[譯注5]自一九八〇年代以來就一直在強調這點。他認為藝術家根本不可能擁有人們想像的那種「如神一般的創造力」，雖然他們給人這種印象。但是他像是「醫生的處境一樣，知道病人服用的藥物根本不可能產生預期的效果，因為那只是安慰劑效應罷了」。他認為藝術的效用應該「回歸到客戶與作品之間的特殊交流方式」；而在互動中，藝術家的暗示透過閱聽人的暗示而更上層樓，透過藝術，「生活世界中的個別現象以不同方式歷歷在目，而且充滿意義，那是其他人類行為和經驗結構做不到的事。」[86]

藝術大眾要求且催生了藝術作品的特定功能，而消費產品世界則是因為實現其功效的承諾而建立其地位。雖然多數似乎是信口雌黃而不可靠，但是也不能排除未來的人們對於產品，不管是巧克力或沐浴用品，也可以理所當然而堅定地期待安穩、和諧或淨化的功能。對於十七世紀的許多人而言，如果有人跟他們說一幅畫作有激勵或解脫的功能，他們應該會認為那是很有可能的事。

現在則普遍認為，產品的附加承諾都只是隨口說說罷了，只是狂妄自負的行銷語言。或者他們會研判說，那些期待巧克力或香料奶酪可以讓人感到安定的人，不太可能有真正的疏離感。就算人們承認，許多消費者沒有了產品的興奮劑作用會難以為繼，那其實也是對於文化資產階級的黃金年代的褻瀆。

然而另一方面，有太多產品仍然大肆宣傳其功能，彷彿整個日常生活很容易受到正面效應的影響。如同在迷信年代裡，針對任何動機、需求和希望都會有對應的處方和習俗一樣，現在的人們一般也都可以得到安定和活力的感受。只要翻開藥妝店的型錄，就會發現那根本就是一本迷信大全：有針對各種焦慮的產品，而且匯集了許多神奇的承諾。

譯注5　巴松・布洛克生於一九三六年，德國知名藝術理論與評論家，現任職多所大學教授美學相關課程。

具正面效應的承諾充斥消費世界

有鑑於琳琅滿目的產品推出，我們可以說，沒有任何文化像現在的消費世界這樣以正面情感的密不透風的謊言誆騙人們。或許有哪一天「幸福感」行不通了，那麼商品世界的種種暗示就會在一夕之間消失殆盡。有些人只要面霜用完就會渾身不自在，或是在開會或緊張的情況下非得喝某一種茶才行。如同酗酒者非得喝到某種程度才會心情舒暢，消費成癮的人也是這樣，如果沒有得到定量的興奮劑效應或安慰劑效應，就會覺得心浮氣躁。尤其是在瀰漫著危機氣氛的時代裡，產品製造商更會利用心理療癒的功能獲利。因此再怎麼清醒的人，也會相信自己需要補充力量。

奈爾・波爾曼（Neil Boorman）[譯注6]也是抗拒消費的冒險小說家，二〇〇六年，他將自己所有的品牌商品都丟在柴堆上公開燒掉，然後詳實地記錄了缺少興奮劑效應的生活如何臨到他頭上。他如此生活了一年以後坦承，「我很想念這些產品在過去為我帶來的安全感。」[87]他接著又感嘆自己「在那一把火過後的一個月……」，他「胃痛難耐」，而這個結果正是內心空虛的寫照。[88]他早先就擔心自己在少了品牌商品之後只會剩下「軟弱的自我」。而在星期六購物回家後，已經好久沒購物的他檢視自己的心情，說：「我開始等待

譯注6　奈爾・波爾曼，英國知名記者與作家，著有《再見，品牌：那些沒有標籤的生活》（*Bonfire Of The Brands: How I Learnt to Live Without Labels*）等書。

那個魔力生效，讓我覺得比以前更加充實。畢竟那正是我對品牌商品的真正需求：它們讓我更能夠感受到自我。」[89]

波爾曼也和那些使他重拾快樂和自信的東西合照，它們就像是蟲蛹一樣包圍、保護著他；以前是守護靈魂，現在是保護身體。可是他也為自己的焚燒舉動辯護，說那是因為對於許多品牌的承諾感到失望。它們沒有讓他如願成為「成功、討喜又性感」的人。[90]正因為消費產品不全然沒有功效，他對它們的要求反而愈來愈高。波爾曼甚至將消費產品視為興奮劑效應，人們起初只是為了感覺更舒服，想擺脫現實的問題，可是它們解決了問題以後，反而製造了更嚴重的問題，讓消費者落入惡性循環。波爾曼現身說法，描寫對品牌成癮的購物狂，覺得自己正是這種戲劇化的說法的寫照，因為他以前就是個酒鬼。他認為自己生病了，因此想要勒戒，「我對品牌上癮了。我非得要品牌才覺得快樂，才能支撐自我的價值。我要戒掉這些品牌，就像我以前戒酒那樣。」[91]

因此他才會採取付之一炬的極端手段。與其漸漸降低消費，然後可能故態復萌，波爾曼寧願摧毀自己心中依賴的所有物品。他以公開的舉動讓大家見證他戒除自己的消費行為。這樣每次再犯時，就會覺得無地自容。

他如同信仰審判（Auto-da-fé）[譯注7]的作為，至少在德國，很難不讓人想起納粹時代的焚書舉動。可是人們顯然認為消費產品對於人類的影響（一種語意的力量）和書籍沒什麼兩樣，而覺得有必要抗拒其宰制力量。

波爾曼的行動其實在宗教傳統中也早有所聞。尤其是十五世紀對於奢侈、不道德和耽溺感官的事物的悔罪儀式「虛榮的火刑」。[92]其中尤以佛羅倫斯的薩佛納羅拉（Savonarola）[譯注8]所採用的悔罪儀式最有名，它們成了基督新教的前身，同樣的，人們也可以在奈爾・波爾曼身上看到反品牌運動和消費新教主義的影子。就連充滿弔詭的論證結構，也和那些惡名昭彰的先驅如出一轍。主張反聖像運動的基督新教一方面警告人們不要著迷於宣稱有療效的假神，另一方面卻認為祂們只是物質的東西，無法滿足屬靈或心理的需求。他們譴責假神是危險而讓人上癮的力量，卻又說祂們沒有力量：偶像和品牌商品一樣，都是人們的敵人，它們在存有學上太薄弱了，沒辦法給人什麼好處，但是其力量又足以造成傷害。

然而在波爾曼的說詞裡也透露著另一種動機。他自問「我的東西夠不夠格拿來燒」，或是在柴堆上時會不會看起來「像是跳蚤市場攤」？[93] 如果是這樣的話，那麼燒這些東西根本不算什麼英雄行徑，放棄這些東西也說不上是什麼偉大的成就。因此如果他將許多昂貴的、幾乎全新的、令人稱羨的品牌產品丟入火堆時，那就是很浪費的戒癮表現

譯注7　信仰審判是中世紀西班牙或葡萄牙宗教裁判所公開處決異教徒的一種儀式，多數犯人在懺悔之後仍會遭受世俗當局的處決，其中最嚴厲的刑罰就屬火刑。

譯注8　薩佛納羅拉是十五世紀的義大利道明會修士，一四九四年至一四九八年間任職於佛羅倫斯。他反對文藝復興藝術與哲學，並且藉由焚燒藝術品與非宗教類書籍來摧毀不道德的奢侈品，以嚴厲的佈道著稱。

譯注9　誇富宴是美國西北部印地安人的一種傳統儀式，特色是透過聚集與累積貴重的財物，甚至是展示性地摧毀財物來展現主人的身分地位。

了。這兩種觀感，誇富宴（Polatch）[譯注9]和苦行，都可以讓他看起來很酷。可是他的初衷始終不變：以前他覺得與品牌產品為伍才能感受到自主權，現在他卻覺得更加自主，因為他沒有這些品牌也活得下去。而因為戒除消費的舉動得到的讚美，再一次證明了消費產品的重要意義。唯有像波爾曼這樣認真看待此事的人，才能在沒有消費產品的情況下覺得自己是個英雄。

如此一來，自主權的態度也會顯得很軟弱。波爾曼終究還是個附庸者。如果品牌與產品對他沒有那麼大的影響力，而且也沒有辦法完全宰制他的生活，那麼他或許不會想出這麼極端的舉動。他也是那種對於產品的承諾深信不疑的消費者，而且沒有辦法抗拒自己覺得很棒的產品。大多數質疑與嘲諷消費行為的人都遠勝於他。他們可以利用產品的優點，甚至是安慰劑效應，但是從來不會上癮或無法自拔。那些扮演消費批判者的角色的人，卻也在仔細考慮哪些產品款式最合適，人們或許會說他們既虛偽又壓抑。可是在疏離和參與之間保持平衡，終究是一件好事，也就是說，他們不必因為耽溺於消費就必須變成反品牌運動者。

第6章

隱喻的道德

Metaphernethik

強調「稀有性」是市場經濟的邏輯。而看到且發掘它（甚或市場空缺）的人，就有更有機會提高營收和獲利。實際上，這是雙重炒作的方式：先讓消費者擔心稀有性的問題，再告訴他們可能的解決方式。最理想的狀態就是某一項產品同時兼具兩者：它先提出警訊，接著安撫人們，先是感覺不安，接著是「圓滿落幕」，其中既可以看到補償的需求，也可以看到補償的承諾。

品牌名稱有時候就傳遞了雙重的訊息。像是化妝品牌「倩碧」（Clinique）就會在指出肌膚損傷或疾病的同時，也提出有效的治療方式。最後還不忘附上一篇三段式的敘述：第一段是想像中的過去，起初一切正常，接著出現明顯的危機或畸變，到了第三階段就必須有解決之道。這種敘述類型相當於各個時代以宗教或哲學為基礎的文化評論，而且在近代的敘述則是變本加厲：例如盧梭、席勒和諾瓦利斯（Novalis）[譯注1]。他們認為有個

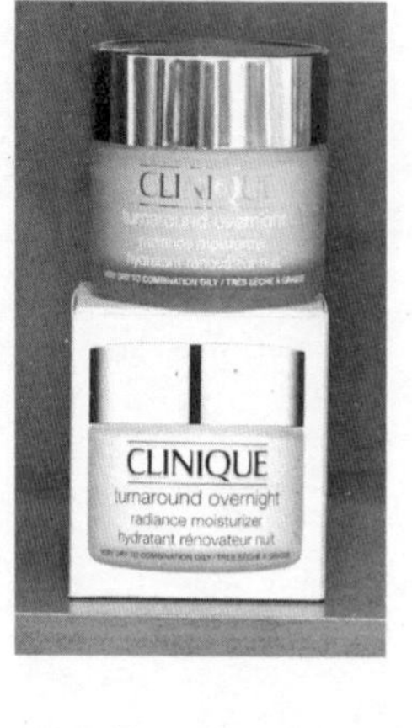

美好的源初狀態，那是由自然或神建立的；隨著人類的墮落、古代的結束、中古時期的結束，開始了近代世界，而有種種的災禍；其間人們也期望在指日可待的未來重返源初狀態。左派陣營認為現代的危機在於異化，右派則認為是墮落，也有人談到「中心之傷」

（Verlust der Mitte）[譯注2]或「上帝之死」[譯注3]，談到停滯或加速，升溫或冷卻。

市場經濟的興起和文化批評的出現共同構成現代主義的現象，這或許不是偶然的事。儘管多數文化批評者認為市場經濟、商業化與消費主義是令人詬病的災禍和匱乏的幫凶，或至少是其徵兆，[94]可是如果沒有市場經濟及其機制，他們的思考模式也幾乎不會引起任何回響。

其實消費產品的推出應該是最能凸顯這個關聯性的。現代世界的問題一再以不同面貌出現，甚至推陳出新。從斯賓格勒（Oswald Spengler）到阿多諾（Theodor W. Adorno）；從魯道夫・史代納（Rudolf Steiner）[譯注4]到喬治・斯坦納（George Steiner）；從尼爾・

譯注1　諾瓦利斯是德國浪漫主義詩人與哲學家，著有詩歌《夜之讚歌》、《聖歌》與小說《海因里希・馮・奧弗特丁根》等。

譯注2　中心之傷，又譯作「中心喪失」、「消失的中間階級」或「失去了中心」，是德國近代藝術歷史學家漢斯・賽德邁爾（Hans Sedlmayr）於一九四八年的著作，探討文化和歷史對於藝術範式的影響。

譯注3　上帝之死，又譯作「上帝已死」，是德國哲學家尼采的名言，主要表達上帝已經無法成為人類社會道德的標準與目標。

譯注4　魯道夫・史代納是著名的奧地利哲學家與教育家，同時也是華德福教育的創始人。他提出人智學這派哲學，認為人智學是一種靈性科學，期望扭轉過度朝向唯物主義發展的世界。

波茲曼（Neil Postman）到曼佛烈・施皮徹（Manfred Spitzer），還是從海德格（Martin Heidegger）到馬丁・莫澤巴赫（Martin Mosebach），這些人的文化批評在護膚乳液、體香劑、健康產品、旅遊廣告和公平貿易談判中得到回響和驗證。如果他們的宏觀歷史敘事沒有在日常生活中的超市貨架和廣告裡得到印證，那麼它們也就不會洛陽紙貴。反過來說，假如產品是以反現代主義的意味大量生產，而且以批判意識為宣傳的話，那反而會助長產品的權威。

從產品可見當下文化狀態

大衛・華格納（David Wagner）譯注5的《四顆蘋果》（*Vier Äpfel*, 2009）描寫故事主角在超級市場購物時睹物思人的情景，每個產品都讓他很感傷地想起前女友L。他站在一整排的洗髮用品前面，想到L曾經強調說：「每個時代的文化都會有特定的造型設計，總是和他們的精神氛圍產生共鳴。」

可是最後這位超市的消費者推斷說：「從洗髮產品的瓶身或包裝形式，應該也可以看出我們文化的精神狀態。」而且他研判道：「我覺得現在不是很好，因為我看到標籤上寫著：『完全修復清潔、溫和和均衡療效、增加髮量、輕盈柔順、護色與保養、修護與照顧。』感覺好像損害得很嚴重，必須強調修補、療癒與照護。」[95]

雖說故事中的主角在洗髮精的設計中回想起自己悲慘的人生，因為情傷而需要療癒和照護，這些產品畢竟讓他得到概括的結論。各種型態的文化批評者的負面歷史觀在此再次得到證實。社會上無處不是壓力過大和疲憊的症狀，因此不論是個人或整體社會的狀況都不好，因而跟不上現在生活的要求。

在這個背景下，行銷手段也樂於引用諸如「能量」之類的語詞，或是推出承諾面對下次挑戰和考驗時更有能量的產品，或者是藉由產品設計讓人們想到自己體力透支、壓力很大而疲憊不堪，因而需要補充能量。訴求對象是必須持續交出高檔績效的人，他得要全力以赴，因而迫切需要休養生息。這個概念再度得到證實，在極度競爭的當代社會中，個人

譯注5　大衛・華格納，一九七一年生於德國安德爾納。華格納是德國新生代作家，作品範圍相當廣，也曾榮獲多座獎項，其二〇一三年的作品《生命》獲頒二十一世紀年度最佳外國小說獎。

必須學會自我保護：永遠未雨綢繆、擔心自己會因為跟不上、實力太差而沒有辦法成功。而不斷推出的產品則是日復一日地灌溉著眼前的擔憂。因此，人們必須不斷反問自己，在處理自己的資源時是否犯了錯。還是這整個社會已經走上萬劫不復的道路？無論如何，對於承諾能夠提供更多能量的行銷，消費者愈發沒有抵抗力。可是人們也會因此反躬自省，沒有這種能量，是否真的就無法過活，而且也會完全枯竭？

此外，能量行銷的第二個風險也在此間得到證實。一旦消費者對於產品功效心生疑慮，它不只是產生反安慰劑效應，更助長了時下流行的「職業倦怠」（Burnout）的病症類型。當人們以能量和枯竭的框架持續關注自身的處境，它固然可以導致短期的（在消費個別產品時）表現提升和安慰劑效應，可是長期來看，卻反而有枯竭惡化之虞。問題並不在對於產品本身的疑慮，而是在於產品導致人們對於自身能量的懷疑。

許多醫療保險機構都在埋怨，短短幾年內，「職業倦怠」的醫療給付暴增了十倍，[96]

有人則質疑那是流行的疾病或是社會階級病症。這種病多半出現在運動員、明星和主管身上，也就是那些想要證明自己能夠身負重任的人。一般認為壓力、競爭和負擔太重是「職業倦怠症」的主因。然而那會是因為這個現象在近年來如此層出不窮，人們才據此解釋這個病症的暴增嗎？這聽起來很不可思議，於是人們開始探討讓職業倦怠症的診斷更具說服力的其他因素。可是種種行銷手法使得人們擔心自身的枯竭，憂慮自己能量匱乏，害怕壓力過大，它難道沒有責任嗎？

就行銷做為共同誘因而言，它在職業倦怠症病例遽增的這幾年來，其實已經改弦更張了。過去的確有以「能量」做廣告的產品，不過僅限於強調卡路里或是咖啡因成分的產品。然而現在就連髮膠與體香劑，甚至單車安全帽和滑雪用具，都會用到能量和動力的字眼，包括其他和新陳代謝扯不上邊的產品。換句話說，這裡的能量只不過是隱喻罷了。

可是能量隱喻卻大受歡迎，因為它喚醒人們心中鮮明的想像。所有可以增加消費者的自信，或者祛除自身不足的疑慮的東西，都會讓人覺得很有建設性，也可以美化成為能量的推動力。雖然能量的隱喻總是意味著感覺很正向的觀念，可是它也把「萎靡不振」的感覺解釋成動力燃料的不足，使得人體成了機械，唯有補充正確的燃料才能正常運轉。人類成了可以不斷充電的蓄電池。而能量不足也只是資源管理成效不彰所致，只要購買正確產品就可以補救。

從歷史比較中一窺能量隱喻的影響力

對於人的自我認知，乃至對於疾病的觀念，能量的隱喻影響有多麼大，我們可以從歷史的比較清楚得知。對於二十世紀初的「萎靡不振」症候群，有著不同於現今的詮釋。當時的人認為注意力不集中、焦躁不安、倦怠或是長期疲勞，都是人體無法適應現代工作和機械的世界的原因，而這些負面症狀都是人類的生態利基趨於窘迫的結果。人們也談到過度刺激、競爭壓力和加速的生活步調，不過那不是關於職業倦怠症的診斷，而是所謂的神經衰弱症，出自完全不同的原因：神經系統超載，保險絲就會燒斷，因為脆弱的神經纖維和軌道在一瞬間必須傳導太多東西。

這個概念在當時相當流行，史稱「神經衰弱年代」（Zeitalter der Nervosität）」。姚阿幸・拉德考（Joachim Radkau）[譯注6]有一本書談到這個現象，就對於神經過度負載的擔憂提出許多解釋。他在書中引述某份反噪音組織期刊中的一篇醫學報告，其中將人類的神經系統比喻為「白楊木的葉子」：「像樹葉在無聲的微風裡輕搖，每一片葉子多少都會受到外界極細微的干擾……而且就像微風變成風暴，並且將樹枝折斷一樣，葉子也可能因此遭受損害，神經系統也會遇到程度從最微弱到最強烈不等的刺激，而神經系統的風暴難免會留下痕跡。」[97]

這樣的隱喻也會在商業利益之中被採用、推廣。水療機構和療養中心相繼出現，他們承諾病患可以放鬆神經。可是當時所有療法和產品，與其說是幫助人們，還不如說是證實了那樣的擔憂其實是杞人憂天，人們只是渴望治療而已：為此花愈多錢，被確診為神經衰弱的風險就愈高。它和現在的職業倦怠症一樣，都是一種富貴病。可是這個概念不是說人們太過嬌生慣養，因而對危機沒有抵抗力。而是消費性產品的繁榮市場太過戲劇化地凸顯稀有性，因而產生了嚴重的併發症。

當時方興未艾的電子科技助長了一個觀念，以為神經就像是導電體，因而也會有電壓超載的問題。而今，反倒是自一九七〇年代以來，諸如石油和天然氣之類的自然資源枯竭的恐慌一直籠罩著個人。每個人都感受到能源短缺的威脅；每個人不僅被環保議題纏繞著，甚至自己就是個問題。對於人們竭澤而漁的反現代主義式的診斷，一百多年來始終沒

譯注6　姚阿幸・拉德考為德國歷史學家，專攻科技史，是德國科技史與環境史權威學者。

有改變，可是人們對此一會兒解釋成人們貪求無饜，一會兒又解讀成供給過度。

然而不僅是行銷透過能量隱喻獲得大量營收，並且導致文化批判的思維以及種種症候群。社會學者也會利用這個隱喻以描述實際社會的狀態並且指出反現代主義的趨勢。根據法國社會學家暨心理學家亞蘭・艾倫貝格（Alain Ehrenberg）譯注7在《做自己的疲累》（*La fatigue d'être soi : dépression et société*, 1998）一書中，關於職業倦怠症和憂鬱症的權威分析，患者「槁木死灰，並且固著於『一切都是不可能』的狀態」。[98]這被解釋成一九六〇年代解放運動的後遺症，當時過度強調「一切都有可能」的概念。

然而，人類所需的能量應該由什麼構成？它是否可以被量化？人們如何影響它？艾倫貝格對此卻避而不談。他這本著作中通篇充滿了學術用語，並且拘泥於論點的研究方法，卻鮮少解釋他的能量概念。其中有一種說法就是，在精疲力竭以後，再也不可能「發揮能量」，因此與行銷口號幾乎沒有區別。[99]有一款能量糖漿說：「喝一口就會爆發濃烈滋味，在全身釋放出能量。」另一款「刺激能量包」的廣告也讓人覺得比科學家更加有深度。一般的文化批判都會強調，人們的要求「每天」都在成長，而人們也無法「繼續承受日常生活的壓力」，接著就會出現這樣的問題：「有沒有人向您證明過這些能量究竟從何而來？您知道補充多少能量才足夠應付您的日常生活所需？」[100]

像是艾倫貝格這樣的理論家，其譁眾取寵的方式和消費商品的製造商沒什麼兩樣。這兩種信口雌黃的隱喻方式都很有問題。畢竟那和在正常情況下會產生的心理狀態大異其趣。讀過艾倫貝格的作品的人，就像被廣告文字說服一樣，也會覺得自己缺乏能量，最後也不得不多加關注自己的能量情況。儘管艾倫貝格很清楚抗憂鬱劑可能會讓人更加疲倦，
101 因為它會讓人對於各種心理過度負擔的形式更加敏感，不過他卻沒有想到，消費產品以及他這樣的作者，其實也會對人們造成類似的效果。

然而在「神經衰弱年代」，在詮釋和誇大「萎靡不振」症候群這方面，消費性產品扮演的角色比現在更微不足道。沒有錢的人幾乎沒有機會接觸到那些誇耀稀有性的產品，也因此免於神經衰弱和文化悲觀主義的侵襲。對於當時的時代精神結構更有決定性的，是大量流通的論文、專論和文章，不管是哲學、神學或人文科學的出版品。它們都是無法適應現代關係、疏離而極端的人們的寫照。如果說精神衰弱因此成了文化資產階級和富賈豪紳的疾病，那麼職業倦怠症就是消費主義至上的富裕社會的病症，侵襲著大多數的民眾。在每次購物時，人們都要面對紛至沓來的產品訊息，其情節、動機和詮釋的影響都遠勝於知

譯注7　亞蘭・艾倫貝格為法國社會與心理學者。

識分子的搖脣鼓舌。行銷的操作現在扮演著類似電視和大眾傳播的重要角色，而那是在一九〇〇年代不曾見的影響因素。

文化批判和反現代心態是促進商機的重要動力

一旦人們認識到，隱喻和情節對於知識、心理和生理狀態的影響有多麼強烈，可想而知，人們就會主張更嚴格而謹慎地看待這兩樣東西。雖然「能量的隱喻」對於企業而言可能是個利多，對於總體經濟和個體而言卻是很有問題的。它為眼前「萎靡不振」的問題提供了更多的動力和設計。由此許多市場風起雲湧，景氣一片繁榮。市場經濟不僅讓文化批判有說嘴的空間，甚至讓它們水漲船高。

雖然人們經常證實了馬克斯・韋伯的分析——根據他的說法，基督新教倫理（更精確地說，是對於救恩的不確定性感到的不安）是商業和經濟繁榮的原因——可是人們卻很少探究，為什麼文化批判和反現代化的心態居然也成了市場經濟和消費社會的重要動力。文化批判本身的反消費主義和敵視市場的立場，很巧妙地掩蓋了它促進商機的功能。這樣一來，就產生弔詭的情況，文化批判者要圍堵他們認定有害的市場經濟和甚囂塵上的消費文化，就必須先讓他們自己的思維模式接受批判的分析。他們至少要比從前更準確地檢驗他們的慣用語言和隱喻會帶來什麼樣的結果。

然而，僅是研究藥品的副作用，那是不夠的，他們更應該探討家喻戶曉的特定隱喻的影響，不管是傳統媒體或是消費產品的形式。談到隱喻的風險和副作用的分析，就不能不提起蘇珊・桑塔格（Susan Sontag）[譯注8]的經典《疾病的隱喻》，這本書於一九七七年和一九七八年分兩部出版。桑塔格身為抗癌病人，她的痛苦與其說是病症本身，不如說是疾病的隱喻，也就是對於癌症的各種詮釋。書中提及，人們認為會得到癌症的人「什麼事都『往肚子裡吞』，什麼事都壓抑著」，因此覺得是自己情緒管理不好所致，這使得病情雪上加霜。因此她在書中反駁這些透過隱喻的現象所做出的輕率幼稚的、究責式的詮釋。她想要「止息幻想而不是刺激它；書寫的目不是創造什麼意義，而是揭露書寫自身的意

譯注8　蘇珊・桑塔格，一九三三年出生於紐約市，一九五七年從哈佛大學取得哲學碩士學位。桑塔格於一九六〇年前後開始活躍於美國文壇，除小說和評論文字之外，也涉足電影與舞台劇的編導工作。她的影響遍及各個領域，與西蒙・波娃、漢娜・鄂蘭並列為二十世紀最重要的三位女性知識分子，而且有「美國最聰明的女人」的封號。

義」。對她而言，重要的是可以「給人一種工具，以看透這些隱喻……並且卸除心理障礙。」[102]

這部分就消費世界而言是不可或缺的。行銷在推出時必須先拆解其意義，它需要工具以辨識隱藏在「修復」和「能量」之類的隱喻背後的危險。（巴頓斯〔Werner Bartens〕譯注9對另一種創造了龐大產品世界的文化評論提出精闢的分析；人們對於「排毒」的期望激發了內心的想像，並送給健康產業大把大把的鈔票，產業卻沒有為這種說法找到任何客觀與正當的依據，甚至將危害健康誤導為正面的事情。）[103]

然而還有其他更多方式可以誇大表現文化批評營造的「情節」。除了暗示之外，以前的產品也有補償的作用，能暫時解決稀有性的問題，現在人們更說它有復健和治療的功效。他們主張，這些功效來自美好健康的世界，不管是出自異化之前的原始階段，或是回歸純真時代的徵兆。這樣的產品會以誠懇和真實的屬性登場，並且訴求自然、原始和純粹。

早在「神經衰弱年代」就已經出現一些品牌強調新的「全人」觀念，至今最有名的不外乎魯道夫・史代納在一九二一年為了實踐人智學所創的品牌「薇莉達」。他在那不久之前才創設了「明日股份公司：科學與精神價值股份公司」（Der kommende Tag AG

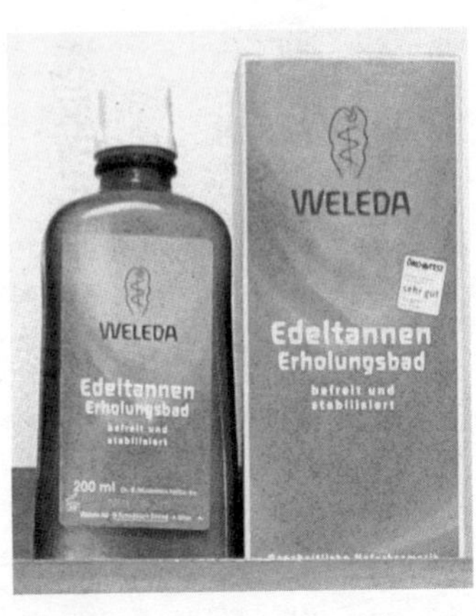

– Aktiengesellschaft zur Förderung wirtschaftlicher und geistiger Werte），史代納發現了反現代主義的市場缺口，不只要推動他的世界觀和基督復臨式的對應計畫，更想要從中獲利。他的立論基礎是：「不同的傷害正以極端的方式對我們眼前的生活造成影響」，而且會「每況愈下」。因此史代納在一九一二年的演說中表示，「神經衰弱會漸漸以各式各樣的疾病形式出現，盡情肆虐。」[104]

然而「薇莉達」可以補救這一切，因此史代納在一九二四年開發了「樺樹精華液」（Birken-Exlixier），在一九二七年首次生產「松針泡澡精華」（Edeltannen-Erholungsbad），[105]並在瓶身上寫著「為緊繃、過勞或疲憊提供新能量」的字樣。此外也描

譯注9 偉納爾・巴頓斯，一九六六年生，既是醫生，也是一名記者，任職《南德日報》（*Süddeutsche Zeitung*）科技編輯期間曾榮獲「年度最佳科技記者」。著有《快樂醫學》（*Glücksmedizin*）與《身體的快樂》（*Körperglück*）等書。

述該產品可以「陪您在寧靜明亮的森林沉思，並舒暢地散步。您可以重獲內心的靜謐、整理思緒」。不同的精華液和精油都有助於為了面對每個明天做準備，克服每一次的疏離和分裂，讓自我和世界、自然和靈性合而為一。

史代納對於行銷也略知一二，他要求他的品牌名稱在幾個主要語言的發音都很順耳，而且也不會產生任何負面的聯想，[106]而沿用至今的商標符號上的「阿斯克勒庇厄斯杖」（Äskulapstab）[譯注10]、蛇與兩個互相擁抱的人型，也是他自己設計的。其中甚至可以看到消除原罪的訴求，兩個人圍著蛇，找到了共鳴與和諧。他實踐了「人類與自然的共鳴」，這便是「薇莉達」的廣告訴求。

將反現代主義轉換成商業模式

相較之下，後來以消費產品的形式大量生產文化批判的企業，都顯得望塵莫及。雖然他們都有自己的世界觀，也不必仰賴形上學和宗教的系統要求，其論證比較像是社會歷史學的角度，而不是靈性與自然的範疇。另一個品牌「工藝坊」（Manufactum），顧名思義，就設定在舊式手工藝以及熟悉的勞動的美德。自從湯瑪士·胡夫（Thomas Hoof）於一九八八年創立品牌以來，他每年都會在年度產品型錄中抱怨時下偷工減料和不重視品質的歪風。該企業的口號「好東西還在」讓人聯想到德國工藝聯盟宣揚的「優良設計」，不過主要是迎合支持文化批判的大眾的情感。其中不但包含了對於喪失價值的保守恐懼，也涉及對於環境和生活品質的擔憂。有些產品更影射美好的過去幸福而飽受威脅的遺跡，因此「工藝坊」便是要對抗現在的墮落，並且成為美好未來的開拓者。它以史無前例的準確度將反現代主義轉換成商業模式，成了文化批判的語言更強勢的傳聲筒。「工藝坊」表現出來的專業性本身（產品的魅力）就足以讓消費者理所當然地相信文化批判營造的情節，而他們在此之前其實很少想到歷史的演進以及成長和沒落的問題。

「工藝坊」明顯擺出權威的姿態，積極致力於克服現代的弊病，讓人們回到過去手工藝坊和修道院的舊世界裡。在一瓶橄欖油的廣告文案中，首先出現對於三位一體的訴求，然後才鼓吹有機認證的最新農法。幾乎沒有人像他們那樣同時強調天主教義和生態保護。「工藝坊」的藥局型錄則會寫上：「復活。認證配方」。以此類推，型錄裡的洗髮用

譯注10　阿斯克勒庇厄斯（Äskulaps）是古希臘神話中的醫神，他是太陽神阿波羅之子。古希臘醫師手持蛇杖，而醫學之父希波克拉底將醫學自巫術中獨立出來，並創醫師誓詞，相傳希波克拉底就是阿斯克勒庇厄斯的後裔。

品欄位上是一塊肥皂，上面貼著強調「純天然原料」的綠色標籤，可是最引人矚目的則是「巴黎聖塞維林修道院修士製」，並且強調「手工製造」的字眼。這樣就會讓人們想像到中世紀穿著修道袍的謙卑修士，站在作坊中木製皂桶旁，緩慢而耐心地攪拌肥皂液。如果提到的是啤酒洗髮皂，人們就會有謙卑而和諧的印象。可是這還不夠。這款洗髮用品更透過聖本篤徽章（Benediktus-Medaille）加強其權威性，它的形狀就像是最古老的榮譽徽章。儘管「工藝坊」的多數顧客都只認得上面的羅馬字母和十字架，也許少數人知道「PAX」（和平）是什麼意思。然而只要有心，人們很快就可以了解其意義。十字架縱軸上的「CSSML」代表著「Crux sancta sit mihi lux」（神聖十字架是我的光）；而橫軸上的「NDSMD」則代表「Non draco sit mihi dux」（莫讓惡龍引導我）。此外，圍繞著十字架的縮寫字母也有其意義：「V.R.S.N.S.M.V.」代表「Vade retro satanas, nunquam suade mihi vana」（撒旦遠離我，永不領我走向邪惡），而「S.M.Q.L.I.V.B.」的全文則是「Sunt mala quae libas, ipse venena bibas」（你所要求的酒是邪惡，你就自己飲下那毒藥吧）。

在一塊洗髮皂上出現關於虛榮的警語，也許會令人匪夷所思。然而更引人注目的是：那塊徽章上出現的情節，和訴求修復和療癒的消費產品廣告其實如出一轍。兩者都讓人先是感到不安，甚至很沮喪，接著暗示著匱乏、危害和失落，以凸顯藥物的迫切必要性。就像十字架上的徽章可以抵抗魔鬼及其毒藥，「工藝坊」的洗髮皂也可以拯救人們擺脫工業化的、遺忘歷史的世界的冷漠，還有另一款洗髮用品甚至可以防止與大自然疏離。

透過文化批判招徠顧客

現在消費文化中的品牌也會用類似的手法招徠顧客，就像以前教會吸引信徒一樣：它們不是以邪惡怖畏人心，而是營造出文化批判的感覺。人們站在超市洗髮用品的展售架時，宛如聽訓一般，靠得愈近，就愈感覺自己貧困而需要療癒。

其他的產品不僅利用文化批判的觀點，甚至利用反現代主義的符號。使用該產品者可以證明自己還沒有被異化。因此支持文化批判守舊人士或同情者會樂於倡導自己提筆寫字，尤其是和個人有關的東西：日記、旅遊札記、抒懷和信件，而不要使用科技器材或電腦。同樣的，鋼筆和筆記本就會成了對抗機械化和匿名化的堡壘，成為代表個人創意的工具。

文具品牌「鼴鼠皮」（Moleskine）的發展就相當為人稱道。得在博物館的紀念品店以及高檔的文具用品店才買得到這些筆記本，讓人有親炙豐沛創意的感覺，就像是品牌以馬諦斯、畢卡索或海明威命名一樣，想像這些人應該也都會使用這樣的筆記本。想書寫意義重大的文字，或是速寫有創意的東西，都會對它們感興趣。

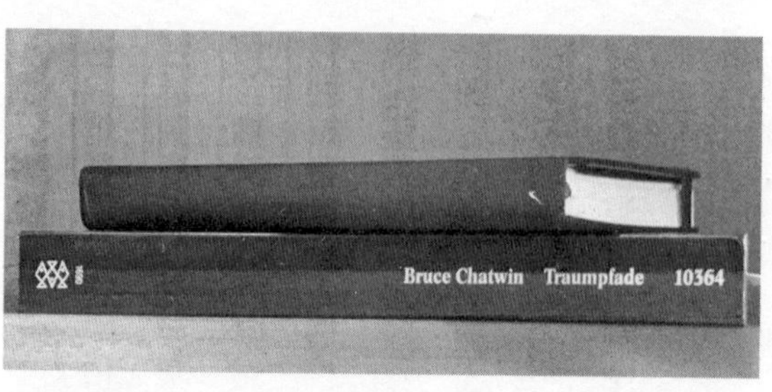

相較於品牌暗示的那些藝術家和作家的名字，這些產品其實要年輕許多。它們真正的創始人布魯斯・查特溫（Bruce Chatwin）[譯注11]也不是文具製造商，而是個作家。他的自傳式小說《歌之版圖》（*Traumpfade*, 1987）描述一名旅行家到澳洲研究原住民文化的故事，而書中主角將自己的所見所聞，不論是知識或地理，都記錄在這樣的筆記本中。每當他造訪巴黎時，都會在同一間小鋪子裡補貨並購買文具用品，而查特溫暱稱為「鼴鼠皮」的傳奇筆記本當時仍然只是由法國南部的一家工廠所製作的。因此故事的主角下了大筆訂單，無奈為時已晚。當他再度造訪小鋪子要領貨時，店家的小姐卻告訴他：「已經沒有真正的鼴鼠皮了。」（Le vrai Moleskine n'est plus）。[107]

這個產品的命運據說和「工藝坊」至今尚存的精品大不相同。其實是在查特溫的小說出版了將近十年之後，才有製造商因為讀了小說而想到要創設「鼴鼠皮」這個品牌。這些筆記本是在一九九七年才問世的，因此和畢卡索以及海明威完全扯不上關係。不過這個品牌卻是以堅持舊有的書寫文化而著稱，因此消費者聯想到久遠的傳統。人們並沒有意識到這個品牌純粹是因為有人發現了這個市場缺口才出現的；一方面是由於科技化和數位化的書寫方式的漸進發展，另一方面則是追求創意和自我實現的努力，因而又被當成疏離的補償形式而備受重視。

隨著鋼筆廣告的創意興起，經過手工藝品和祕傳技術的寬廣領域的推波助瀾，補充或取代了和藝術有關的狂熱。自從浪漫主義時代以來，藝術一直有如孤島般遠離各種異化。反現代主義者與文化批判者在藝術裡尋找延續和復興，現在都已經被消費了。雖然有許多前衛藝術家以反叛和顛覆的方式出場，可是他們同時也不相信有進步這回事。那反倒屬於

譯注11　布魯斯．查特溫，一九四〇年生於英國，著有《巴塔哥尼亞高原上》，並藉此獲得英國豪森登獎（Hawthornden Prize）及美國佛斯特獎（E. M. Forster Award）。

藝術上的現代主義的概念，正如藝術學家貝亞特・懷思（Beat Wyss）[譯注12]所闡述的「回到最初」。他們認為文化應該「以原始和真實的東西為基礎重新創造」。[108]

史代納在尚未推出「薇莉達」之前，也影響了諸如康丁斯基（Wassily Kandinsky）[譯注13]之類的藝術家，他們都朝著更進步更文明的世界邁進，而其作品的目的都是要引導人類超越任何形式的分裂。文學、音樂和造型藝術，應該是「一個敏感地帶，在其中，精神的轉向首次以現實形式引人注目，」康丁斯基在《論藝術的精神性》（*Über das Geistige in der Kunst*, 1912）如是說。接著又說：「這些地帶立即反映出當前的黑暗面，當它猜想到那起初小到沒有人注意到其存在，而今變成龐然大物的東西。」抽象畫的發展就是以這個思考為起點，因為它鼓吹防止「眼前生活裡剝削心靈的內容」的方法，而且滿足了「熱切的心靈非物質性的渴望與追求」。由此看來，抽象藝術無異於救贖，它應該成為追求精神性的人類的新家。康丁斯基也延續前輩海倫娜・布拉瓦茨基（Helena Blawatzky）[譯注14]和好友史代納的看法，認為「相較於現在的人間，在二十一世紀，塵世會成為天堂」。[109]

對於抽象性的基督復臨式的信念早就陷於不可逆的深層危機，除此之外，就連藝術評論者也都有意無意地在追尋「既新且舊」的美好世界零星的徵兆。他們寧願期望自己的創意的釋放，相信自己的個體性的能力，而這種能力最有力的證明，莫過於許多消費性產品，他們著眼於個別的東西，承諾會做到盡善盡美。就連積極從事生產和設計，他們也認為比單純地接受藝術更真實。然而現在還不是文化批判的末路，而且二十一世紀的塵世也不是天堂。剛好相反：文化批判在這麼長的歷史裡，從來沒有像現在這麼穩定而又經得住考驗，因為現在到處充斥著市場經濟的邏輯，需要各種劇本。文化批判已經有了新的形式，它變成了貨物和產品。它的功能不再只是書寫的媒介，而是藉以考慮每個「銷售點」的存在。

譯注12　貝亞特・懷思，一九四七年出生於瑞士，知名藝術歷史學家，現任教於德國卡斯魯爾藝術與設計大學。

譯注13　瓦西里・康丁斯基，生於一八六六年，俄國知名畫家和美術理論家，也是奠定現代抽象藝術理論與實踐之人。

譯注14　海倫娜・布拉瓦茨基，一八三一年生於烏克蘭，她是西方神祕學者與神智學協會的創始者。

第7章

心安理得
Gewissenswohlstand

有錢人不僅可以自我陶醉，也可以成為更有道德的人。現在只要有錢就可以買得到良知。這幾年來，人們購買的有機超市或「世界一家商店」（Eine-Welt Laden）的產品，差不多可以和其他品牌產品等量齊觀了。《綠色和平》（*Greenpeace*）雜誌中的Polo衫廣告寫著：「讓您的良心和肌膚一樣感到舒服。」[110]有一間家具廠商在以本國可回收天然原料製造的產品廣告上寫著，任何購買這些商品的人「為環境和自己做了一件好事：您的健康、您的良心和您的深思熟慮」。[111]而網路平台公司「karmakonsum.de」[譯注1]的網頁上緣有一張圖，畫了一個推著巨大購物車的消費者，購物車裡則裝滿了有機和公平交易的產品。消費者頭上還有天使的光環。人只要買了正確的東西，就不必擔心自己的靈魂救贖問題。

有機與公平交易的產品定價大多高於其他產品，這點更加肯定了消費者的良知。慷慨解囊的行徑，不只是口頭上支持環保和生態永續的問題，更是自願捨棄部分財產以支持廠商在原料製造多用心、提高員工薪資、致力發展節能科技。

人們會關心下層結構和未來的問題，並且因此覺得問心無愧，可是相較之下，消費者在購買動機上更能夠滿足良心的需求。有些製造商不傾向把製程透明化，好讓消費者買得心安理得；相反的，他們從不給與任何理由。消費者不會質疑高價位的正當性，反而很弔詭地認定高價位代表做對了事。良知在此成了多付錢的直接回報；良知不僅是特定消費行為的結果，更成為人們買到的實際商品。近幾年來，幾乎沒有其他商品有這麼大的市場規模。許多品牌和整個產業都是為了良知而大量生產。規則則是：和沒有良知成分的產品的價差愈大，就愈有可能成為一個好人。

消費產品，得到救贖

可是如此一來，窮人就幾乎沒有機會得到這種良知福利了。他們必須要有所犧牲，完

譯注1　網路平台公司 karmakonsum.de，其名稱中的「karma」指的便是因果輪迴，藉此讓消費與因果輪迴的良知搭上關係。

全放棄其他事物，才有辦法買一個讓靈魂得到救贖的產品。對他們而言，良知有如稀有財，其他人不斷屯積良知，而他們只是一再遭受社會排擠。買得起的人就像是中世紀買贖罪券的人一樣。當時的人也膚淺地認為，只要做善事，捐錢蓋教堂，就不必下地獄，還能得救恩，頭上也會有光環。有錢人捐錢給教堂，或是出錢找別人代替他們封齋或朝聖。

現在搭乘飛機旅行都要付二氧化碳排放的補償金（碳補償），這筆費用會用來支助減少全球二氧化碳排放的計畫。購買碳補償時的真正重點是讓自己感覺良好。幾乎沒有人會真的看到且追蹤那些錢用到哪裡去了，反正都是發生在地球另一端的事。然而這樣只是證明了，這個行為的動機本質上是利己主義的：人們尋求赦罪，想要覺得自己是個好人，就像是中世紀的先民一樣，期望預約靈魂的救贖，只是這次是在俗世裡。

或許自從贖罪的行徑盛行以來，有錢人沒有像現在這麼容易地安撫他們的良知。以前在贖罪券上蓋上當局（最好是教宗）的認證戳章是很重要的事，同理，如今也發展出優良產品的相關認證，藉此證明他們的良知是合法取得的。以前人們會懷疑是否買到假的贖罪券，到了陰間根本沒有所謂的靈魂救贖，而現在的人們變本加厲地懷疑產品的生產過程是否符合永續性、有沒有剝削勞工。可是因為過去幾年來的浮濫驗證，優良產品標章也變得不可靠了。[112] 雖說認證的品質或許有必要先自我檢驗，可是大多數有良心的消費者已經理所當然地認為，多一個認證標章，心靈就會更平靜。他們可以隨心所欲地陶醉在道德高尚的感覺裡。

可是為什麼心安理得會是致使商品這麼受歡迎的元素，進而成為廣告的主題呢？那預設著許多現代人都飽受良心譴責。而那同樣也是物質富裕的結果：人們始終覺得，幾十年來史無前例的舒適、自由和悠閒，可能不是他們真正應得的。他們覺得一切都會反撲，他們的富庶可能是犧牲他者得到的，不管是第三世界或大自然，而他們遲早要為此付出慘痛的代價。

這種不當獲利的印象會讓那些在物質世界裡獲利的人於心有愧，因而想要藉此贖罪和道歉。這點和贖罪券盛行的時代很相似，當時的有錢人因為擔憂自己是否能夠得到靈魂救贖而惴惴不安，同時還要面對聖經的挑戰，也就是富人要上天堂有如駱駝穿過針孔的比喻[譯注2]。從前的有錢人比較有機會犯罪，因此抓緊機會就會以贖罪券減輕自己的罪。現在大多數「良心產品」便緊抓著有錢人的特質，在折扣商店裡，良知不可能成為賣點，但在

譯注2　這個故事出自聖經馬太福音第十九章二十四節，耶穌講道：「我告訴你們，駱駝穿過針的眼，比富人進上帝的國還更容易！」

有錢人造訪的商店裡，良知卻是個重要的話題。對後者而言，可以藉此擺脫罪惡感又不必放棄有錢人的優勢，那真是愜意的經驗。他們反而會利用自己物質的優渥讓自己更心安理得。[113]

在利己的行為中，添加些許利他的意味

罪惡感因為界線很模糊而很容易打發，因此廣告會一再暗示說，只要照顧好自己的健康就可以問心無愧了。「健康就是良心，」雀巢公司（Nestle）產品的廣告如是說。此外，「樂活」（LOHAS）過去幾年來的代言人，則是倡言夾雜著無私和利己的動機甚或計畫，「LOHAS」是「健康和永續性的生活型態」（Lifestyle of Health and Sustainability）的縮寫，也就是照顧自己的健康以及永續性的經濟。這樣在以利己為動機的行為裡多了些許利他主義的意味。因此，比起對於購買行為的精

確分析，購買有機和公平交易的產品可以讓人更心安理得：就算購買無農藥水果的人只是因為過敏才這麼做，根本沒有想到環境問題，但是他們會覺得那是利他的行為，因此是在做好事。喜歡「有機」這個字眼的人，是因為它讓人生起對於如童書般的鄉愁，自然就會樂於將這種溫暖的美好感覺解釋成良知的油然而生。

英國新鮮果汁品牌「純淨冰沙」（Innocent Smoothies）在二〇一〇至二〇一一年間推出一個廣告企畫，也是以良心為主題，結果就有了以下電子郵件的對話：

敬啓者，抱歉我必須批評貴公司的最新廣告。廣告中表示，飲用貴公司的飲料可以讓人得到「純粹的良知」，我覺得既虛偽又輕率。為什麼我只有在想要對自己好的時候才應該有純粹的良知呢？我在對待別人時不更應該如此嗎？它讓人覺得，良知其實是很容易取得的東西。此外，該廣告也暗示，只要購買你們產品，就可以比買不起的人更有道德。把道德標準和消費的決定，甚至是金錢的付出畫上等號，那是權貴和歧視心態吧。

※

感謝您對本公司廣告的批評與指教。我很樂見您提出這麼強烈的批判。您在道德方面的見解讓我覺得很有意思。不過我不是很懂您的觀點。我們在廣告中完全無意提出任何道德命題。

不知道您是否覺得，當您一個人將整塊巧克力吃光之後，心中會浮現罪惡感，因為您心裡有數，這種攝食行為並不健康，而且您應該本來就要明白才是呢？我在聖誕節時又有相同的感覺。「純淨冰沙」當然比巧克力好得多，因此廣告海報上才會寫著「我就是您的新年新希望」。每年的新年計畫都會從健康的營養開始，而因為「純淨冰沙」會讓人不再良心不安，所以它是純淨的。

我們絕對沒有暗示「純淨冰沙」在道德上更勝於其他產品。然而，若是本公司的廣告海報讓您有此感受，我也由衷表達心中的歉意。這絕對不是我們蓄意設計的結果。我們的廣告至今收到相當多正面的回函，因此我得以推斷本公司並沒有冒犯到大多數民眾。儘管如此，我們還是會思考你的抗議，如果可能的話，我們會以諸如「不會後悔」的說法替代之。

※

感謝您對我的評論提出詳盡又客氣的回應！然而我依舊認為「純粹良知」的訴求是很有問題的。良知問題永遠都會是群己關係的問題。我不會因為自己吃了巧克力而感到良心不安，雖然我原本決定再也不吃了；可是如果我欺騙我的女朋友或是剽竊同事的研究結果，我會於心有愧。反過來說，就算我沒有吃巧克力、沒有喝冰沙、維持身體健康、外表光鮮亮麗、有企圖心，我也不會因此就有純粹的良知，反而是自己沒有危害同伴、犧牲他人的利益，才會感到純粹的良知。

因為貴公司將「純粹良知」和消費貴公司產品畫上等號，那就意味著，貴公司假借這個語詞的一般意義暗示，只要喝了「純淨冰沙」，不只是為自己，甚至是為了大環境（例如自然環境和其他人）做好事，光是產品在名稱上就已經指明這點了：只要喝了這飲料，就會覺得自己是清白的。罪惡感與良知都只屬於和人際關係有關的範疇。我不會因為吃了巧克力而有罪惡感，那麼我又為什麼會因為喝了冰沙而覺得自己是無罪的呢？

如果您真如信中所說的，以「無悔」取代「純粹的良知」，我就不會有此疑慮了。實際上，我確實會因為吃錯東西或是吃太多而感到後悔，而後悔也不一定和人際關係有關。這麼說來，貴公司的產品或許應該改成愛迪・琵雅芙（Edith Piaf）的名曲〈無怨無悔〉（**Je ne regrette rien**）。這樣聽起來也歡樂多了！

※

我們非常願意花時間逐一回覆每一封電子郵件。畢竟您才是那個支付我每天薪水的人。

想必您在看了我們的廣告以後，並沒有直接感受到我們在永續性方面的努力。我們在生活用品領域中一直都是永續性的典範。尤其是因為我們的水果都是直接向果農採購，我們保護勞工與環境，並且持續研發最理想的包裝方式以減少包裝的數量。因此我們也是少數獲得碳足跡認證的企業，我們每年都在減少碳排放，並將百分之十的盈利撥到「純淨基金會」（Innocent Foundation），其主要立意就是要援助供應本公司水果來源的該國家人民。其中大多數都是用來長期投資農業計畫、為那些人民營造永續性的未來。

「純淨冰沙」或許確實可以帶來正面的良知，雖然這真的不是我們刻意想在廣告中呈現的聯想。

發言人顯然起初並沒有刻意強調企業在環保與社會方面的成績，反而覺得強調產品的健康實用性便足以支持讓消費者心安理得的承諾。這個例子證明了良知的概念如何模糊地操作，以及行銷也只是為購買者謀求一點良好的感覺，於是良知就成了健康行銷的一個變種。

可是如果消費者被引導去做好事，像是支持農業發展以幫助貧窮國家人民，心安理得的承諾就理所當然了嗎？人們對於心安理得的概念一定要那麼嚴格，不能只是有利於消費者本身嗎？譚雅・布瑟（Tanja Busse）在《購物革命》（*Die Einkaufsrevolution*, 2006）裡呼籲一個很實際的看法，她指出，對於第三世界的咖啡農而言，如果「只是因為有人想要安撫他們的良心就可以收到更多錢」的話，那麼又何樂不為？她認為「結果決定一切」，而只要目的正確，手段如何都可以不在意。[114]

然而奉行實用主義會有那些後果呢？如果良知那麼容易出售，即使是為了自私的行為，人不會因此而改變嗎？以良心招徠消費者，那究竟是什麼意思呢？他們會不會習慣以為自己是個道德正直的好人（而且被寵壞了）？他們會不會因此被誤導成自以為是？他們會不會產生優越感？他們面對其他良知訴求比較少的產品時會不會顯得驕矜自大？

「有良知的消費者」反而缺少同理心？

令人擔憂的是，購買純淨冰沙與其他類似產品的人，在他們的良知綠洲裡，對於購買廉價商品和不符合樂活原則的產品的消費者，會做道德上的解釋而缺少同理心。實驗證實，人們只要以道德觀點看待有機產品，他們的判斷就會變得刻薄而不寬容。他們顯然覺得應該更嚴厲，更加要求社會正義，而他們的消費產品圈對他們承諾說他們是站在對的那一邊。[115]

「有良知的消費者」在面對生活圈比較簡單的人時，也總是會嘲笑或貶損他們。後者的生活型態不外乎大量電視節目、電腦遊戲和肥胖，有些人甚至覺得最好立法禁止。記者嚴斯・岩森（Jens Jessen）說，凡是沒有「足夠的公民教養，不曾接觸綠色宣傳和環保行為」的人，「會被認為構成潛在的危險」，而他們自己也會覺得被「德行的恐怖主義」迫害，抗議他們的任何享樂行為。[116]

人們喜歡引證的研究證明，營養不良會讓人變笨又憂鬱，而在入口網站「烏托邦」（utopia）[譯注3]（樂活生活圈的集散地）裡，人們不斷享受「登泰山而小天下」睥睨一切的快感。換句話說，人們會選擇「享受……更好的產品和公司。消費世界的低谷則是眾所皆知的深不見底，和『好還要更好』完全是兩個世界」。[117]如果有錢的話，誰都會想透過購買良知來脫離消費世界的低谷，可是上面的評論對此卻隻字不提。反過來說，人們在富足的生活裡覺得有安全感，他會認為那是理所當然的事，不會特別思考那些個別的建議的財務後果是什麼。因此在高價位的生活必需品方面，譚雅・布瑟也會期望啤酒得「像紅酒一樣處理」，就像變成「行家」一樣，覺得好的原料是對她的尊重。然而，她似乎不是很清楚，一旦她的願望實現，啤酒就再也不是少數沒有日常必需品和精品之間的價差的產品。

低收入者於此再度受到傷害。[118]

所謂的「道德消費者」不會為只買得起優格（它的草莓口味是由「生長在澳洲木屑上的黴菌製造而成」）[119]而譴責他們不好的營養習慣。我們在此看見良心原本應該有的寬大的反面：雖然人有權利選擇健康的營養，現在他們卻認為購買最好的生活必需品當然是有罪的。

或者他們的過錯在於知識和參與的不足？就算每個清楚優格的草莓口味從哪裡來的人都會拒絕購買，可是也有人根本不在意品質對於個人身體的影響，他們更不想關心整體的環境和社會問題。如此一來，購買這種優格就成了頑固無知的消費行為的指標。

「道德消費者」不僅漠視其他消費者的經濟條件，更不管他們是否有時間研究。譯雅・布瑟這樣的記者受雇追蹤產品的生產來源，對於大部分消費者來說，那根本是在浪費時間。可是因此就認為他們輕忽（無知又不道德）而歧視他們，那未免言之過早，消費者再怎麼有企圖心，也沒辦法深入探究他們買到的東西。

譯注3　此指德國樂活入口網站：http://www.utopia.de/

他們或許可以反省一下自己的習慣，他們往往只會一再嘲笑工廠不乾淨的企業。其他人就不假思索地接受這個刻板印象，即使該企業在多年後早已改善其生產條件。人們在每個領域中頂多只會挑一兩家做比較，然後五十步笑百步。他們不過就是運氣好一點罷了，有辦法隱藏自己的缺陷，或是有公關部門替他們擦脂抹粉。受到指控的企業不再只是象徵性的壞人，所有醜聞都會歸罪到他們身上。

然而據以衡量企業或產品的道德品質的準則，並不見得如良知消費者所暗示的那麼涇渭分明。再者，這些準則也時常忽略人們的各種目的有輕重緩急之分，特別是要達成一些目的可能必須犧牲其他目的：二氧化碳排放的問題和垃圾處理一樣嚴重嗎？勞工應該要由工會管理，或是要遵守比較高的安全標準呢？生產條件和運送條件如何取捨？為什麼消費者不要在意產品設計的心理效果，而只考慮對於臭氧層造成的負擔呢？

可是大多數「有良知的消費者」不接受不同的消費者會有不同的購物準則，也不認為有些人寧可多花時間在社會參與或是家庭上面，也不要從事消費研究，他們很嚴厲地將自身的價值提升為普遍的標準。因此他們要求所有產品都有義務通過統一的國家認證，因而對於其他不屬於這些準則的因素視而不見，斥之為無關緊要的東西。於是，人們雖然或許更重視二氧化碳的排放問題，但是資源運用的意識卻因此停滯不前。想在消費中尋求救贖的人，特別是想在這個生活領域裡體驗道德和責任意識的人，就會試圖將若干品牌列為優先考量。如此一來，也許原本仍有疑慮的消費者就可以慢慢地說服自己。

全新的「三階層社會」概念

「樂活」運動在過去幾年間已經發展出一整套品牌和產品。有別於放棄消費，「樂活」運動也透過自有店家和自有產品強調他們的環境和健康意識的立場。然而價值的優先性是基於市場需求而不是政治考量，這個發展的結果鞏固、強化了社會對立。「『樂活』並非為共同體制定的原則，而是為了加深對於弱勢階級的排斥，」德國知名記者凱特琳・哈特曼（Kathrin Hartmann）在一篇關於「有機潮」（Bio-Booms）的評論中指出。[120]確切地說，現代出現了新的「三階層社會」。因此「有良知的消費者」一方面和貧窮者畫清界線，也就是和買不起樂活產品的人，也和對消費無知的人隔離，後者完全不在意產品來源、成分和後果。可是另一方面，他們也排拒奢華消費者，後者既炫富又浪費無度，對於永續性之類的價值更是不屑一顧，毫不掩飾消費時的自私動機，心裡只有地位、樂趣和冒險。

他們代表著財閥，而另一個世界則是「消費的無產階級」。「道德消費者」和這兩個階級保持距離，因此也被形容為「消費的中產階級」，這個概念有些近似「文化中產階級」。[121]因此，在兩個世紀內崛起的「文化中產階級」總是覺得自己是更高等的人。由於他們在藝術上的付出，他們不僅顯得和「美」關係密切，更是與「真」、「善」並肩而行。他們不僅瞧不起在他們底下的階級，也就是沒有教養的、粗鄙的下層階級，也輕視在他們之上的階級，指摘那些貴族的膚淺和平庸。他們抨擊這兩個階級對藝術的外行，在他們眼裡，教養和藝術品味都成了信仰，正如後來的消費中產階級把心安理得視為信仰一般。

文化中產階級致力於學問和專業的道德化，沒有高度文化參與的表現的人，都會被懷疑在知識與道德方面的不足。現在則正好相反，就像文化研究者尼科・施特爾（Nico Stehr）所說的，我們看到的是「市場的道德化」。在其中，「消費者和中產階級原本涇渭分明的社會角色漸漸相互靠攏」。[122]消費中產階級的自我理解在於盡可能以道德政治的角度觀察購買行為。可是有些人不僅不受包裝上的廣告標語的影響，反而還積極向企業表達需求、利用入口網站的開箱文或企畫活動，或者親身推廣特定的品牌。[123]

美國文化研究者莉莎貝絲・柯恩（Lizabeth Cohen）提到「購買者即公民」（purchaser as citizen）的理想也在第二次世界大戰後的富裕時期裡成形。[124]他們和其他階級的差異在於，這些人不把消費視為滿足需求（既不是必需品也不是奢侈品），而是視為實現特定價值偏好、強調自身道德意識的機會。沒有發展出這種消費中產階級心態的人，會被認為沒有價值觀、判斷力和專業性，而被視為「消費文盲」，更會被認定有反社會人格。

然而良知傲慢的消費中產階級對於嚴厲而又自以為是的畫清界線的結果可能不會太開心。假如他們真的加深了社會差距，那麼有意識的消費在整體社會中會漸漸窒礙難行。消費中產階級不但沒有成為改變消費習慣的先驅，反而會因為對良知的膠柱鼓瑟而招致反彈聲浪。持續受到歧視而被貶為二等公民的人，終究會反應他們的不滿，心生怨懟，並且以他們的階級意識武裝自己。「消費無產階級」會突發奇想，把消費中產階級斥為虧空生態和社會的產品和行為模式，當作好事一樁。他們會將甚囂塵上的禁菸規定解釋成衝著自己而來的，正如有人提議根據飲食習慣提高健保費一樣。而被「良知中產階級」認定是邪惡的象徵的品牌，反而會引起他們的興趣。

若干品牌似乎已經接受了自己形象的崩壞。或者，有別於麥當勞，那些品牌至少沒有什麼反對意見。他們其實很明白，當那些良知代表欺人太甚時，他們反而會得到同情。他們可以擺出受迫害者的姿態，和許多人產生共鳴，也就是夢想可以在社會裡向上流動的弱勢者。相對於消費中產階級的道德化，當某個品牌有意識地表現其負面形象時，反而顯得更加真實。

運動品牌耐吉（Nike）的口號「做就對了」（Just do it）就很有爆炸性，它聽起來像是反中產階級式的拒絕尊重和謹慎，同時訴求毫無保留地、肆無忌憚地追求成功。因此當耐吉致力關心第三世界的孩子時，那既不是什麼人道作為的表現，也不是要迎合道德大眾，而是在對弱勢者提供更多訊息，讓他們藉由這個品牌得到認同。對於該品牌的批判來得正是時候，而這些批判只是證明和該品牌的信徒為敵而已。因此，消費中產階級娜歐米・克萊茵就可以大肆利用耐吉的品牌，在其著作《*No Logo!*》裡將該品牌描寫成大壞蛋：只要有人覺得克萊茵及其信徒或後繼者的指摘太過傲慢，自然會團結起來支持耐吉。

其實耐吉甚至鼓勵對該品牌的指控。在一九九九年，耐吉表示願意花錢請美國消費者保護律師、衛道人士、第一代的消費中產階級拉夫・奈德（Ralph Nader）[譯注4]拍攝廣告短片，廣告裡頭會有一雙球鞋，上面寫著：「耐吉再一次賣鞋的無恥嘗試。」（Another shameless attempt by Nike to sell shoes）[125]如果真是如此，奈德的形象就會因而受損，撇開廣告內容不談，他明顯接受了賄賂，因為他收錢拍廣告，而耐吉則可以擺出一副事不關己的樣子，對那些敏感而又多半很有錢的消費中產階級的道德指控完全冷漠以對。

而在流行歌曲的消費世界，特別是饒舌歌手，和中產階級的倫理更是形成強烈的對比。這些人往往來自社會的最底層，功成名就時就會以特定的產品系列來慶祝，像是服飾、飾品和香水，誇耀對於物質主義的崇拜。他們對於自己的富有不會有什麼良知的質疑，反而會對傲慢的消費中產階級的良知崇拜和罪惡感反脣相譏，因為這個階級多數的代表從來沒有奮鬥過。蕾哈娜（Rihanna）有一張專輯就命名為《道歉太難》（*Unapologetic*），一副沒有什麼好抱歉的；而吹牛老爹（P. Diddy）的「吹牛老爹」（Sean John）香水品牌也推出「不可原諒」（Unforgivable）系列。創辦人看到其中所表達的「毫不妥協的力量」，[126]對客戶暗示最好要硬起來，根據中產階級文化的標準，那根本就是有罪的。相反的，良知只是嬌生慣養者的需求。若是要表現同情和謙卑，從饒舌歌手的觀點來看，這個世界就太糟糕了：「每天都要上戰場迎接某個人的挑戰，」這便是吹牛老爹對生活經驗的總結。[127]因此「就算以黑人拳擊手與叛逆分子『傑克・強生』（Jack Johnson）為名的系列產品是在亞洲以廉價工資製造而成的，也完全不會產生任何矛盾」。[128]

不過也有些財閥的代表們，他們平心靜氣地面對良知中產階級的負面評價，以及社會

譯注4　拉夫・奈德，出生於一九三四年的美國律師，曾以獨立參選人身分參選二〇〇四年和二〇〇八年的美國大選，也曾以綠黨參選人身分參加一九九六年美國總統選舉和二〇〇〇年美國總統大選。畢生致力於消費者保護、人權、環境和民主政府等相關議題。

弱勢者和力爭上游者的階級問題，而人們喜歡以毫無良知的姿態挑釁他們。因此二〇〇二年時才會成立所謂的「邪惡基金」（Vice Fund），以香菸或武器之類有害健康和違反道德的產業為投資標的。投資這些基金的人，明顯將獲利的期望擺在良知問題前面。購買皮草、南非鑽石或休旅車來享樂的人，對於自己激怒了多少敏感的衛道人士，其實也都心知肚明。

消費中產階級引發反彈效應

於是，消費中產階級的奔走招致了反彈效應，因而事與願違。雖說這幾年的議題焦點都轉移到氣候保護、能源消耗或是廉價工資國家的工作條件，可是這些和良知關係緊密的議題還是經常變成階級問題。如此一來，這些議題在其他環境中的人們眼裡就有負面的意涵。他們抗拒和它相關的價值，反而覺得不理性、不健康、骯髒、沒有節制的東西更加刺激、更值得追求。如此一來，從環保與永續性的角度來看，整個社會總結下來，其實一無所獲，而提升生態和社會標準的機會也就會因此受到漠視。

若干品牌便利用道德消費者不自覺開創出來的空間，在細節上錙銖必較。因此像是跑車品牌「蘭吉雅」（Lancia）就會在海報邪惡的紅色上面搭配魔鬼黑色的底色，並且印上粗體字「邪惡」（BÖSE）的字樣。海報以仰角表現汽車，藉此產生壓迫感，閃爍的冷卻系統與輪框讓跑車看起來更加氣勢非凡。海報下方寫著：「獻給相信善良，卻明白邪惡更令人愉悅的人。」而廣告細節中更引人注目的，是汽車的左上角掛著一只籠子，裡面站著赤裸裸又忸怩不安的人，背上還有一對巨大的白色翅膀，顯然羽毛已經被拔掉一些了。如果不是因為良知而變身成天使的消費中產階級，還有誰會被關在那上面遭受蹂躪呢？這款汽車的推出顯然是衝著「樂活」產品中的良知市場而來的。反彈效應在這裡昭然若揭。

然而即便是良知消費者本身，也可能發生反彈效應。因為良知很容易就買得到，可能讓人覺得這些產品多少可以容忍一些罪惡。在日常生活中注意健康飲食的人，總是避免購買對生態有害，以及雇用童工或採用動物實驗的產品，然而，他們難免有時候也會想要放縱一下，消費廉價、有害又不正確的產品。良知世界的粉色系和柔焦會喚醒對於炫目的色系以及刺眼的造型的好奇心。而平常累積不少良知的人，都有豐厚的後盾，難道不能偶爾放蕩不羈一下嗎？由於那些良知是廉價取得的，它的後盾其實也不怎麼堅實，人們會高估了自己的本錢，但是最多也只是讓自己的罪惡感加深，只要恢復責任意識的消費，就可以得到補償了。

反過來說，良知行銷反而讓平常毫無顧忌的消費者很容易就可以逃避良心不安的困擾。因此，暫時感到不安的人，都可以如釋重負，不必輾轉反側地反省。在這裡，贖罪券的買賣原則又借屍還魂：任何讓人事後於心有愧的消費，都可透過走進有機超市或「世界一家」商店而得到

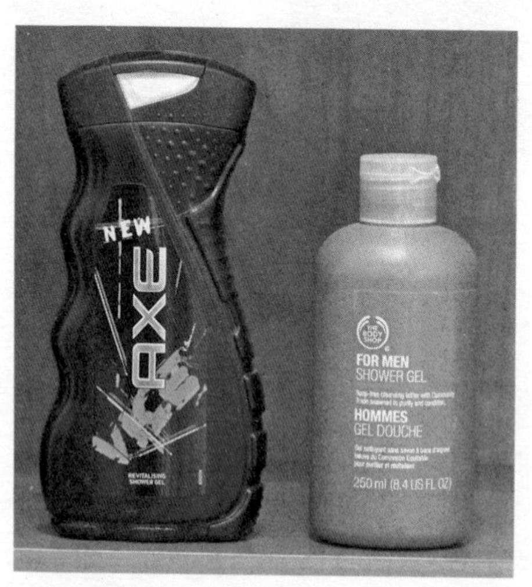

補償。喜歡開跑車、大啖牛排並在身上噴灑「不可原諒」香水的人，也可以透過購買可回收的天然原料家具、公平交易咖啡與「純淨」的冰沙來卸除心中的罪惡感。而從日常責任暫時出走的人，就算是用了「艾科」（AXE）品牌的「邪惡上癮」（Vice）沐浴乳洗澡，也可以藉由「美體小舖」（The Body Shop）的產品重新步入正軌。消費者可以透過這種方式建立一種犯罪和贖罪的互動體系，其中負面的消費行為都會在正面的消費行為中得到療癒，而充滿責任感的購買決定也可以讓輕率的決定甚或欲望得到豁免。

消費中產階級的傲慢也會在良知的贖罪券買賣行為中得到更豐富的營養，不只造成反彈效應，它更可能興起一股社會氣氛，產生類似基督新教的運動。正如同馬丁・路德和他的盟友對於社會不平等的反彈，並且將他們的宗教活動視作社會政治的贖罪手段，現在也可能重新發展出反對將靈魂救贖視作商品的聲浪。從前基督新教認為神與人類之間不可能有交易行為，為的是在救贖問題上面恢復平等（基於「唯靠恩典」〔sola gratia〕原則）[譯注5]，而現在可能會出現一種消費上的基督新教精神，如果因為花錢買了產品就以為可以得

譯注5　唯靠恩典出自聖經以弗所書，「你們得救是本乎恩，也因著信；這並不是出於自己，乃是上帝所賜的；也不是出於行為，免得有人自誇。」意指赦免、生命和救恩臨到我們身上，唯有上帝可以賜與這樣的禮物。

到救贖，那在未來會顯得既荒謬、武斷又褻瀆。

它的代表不僅比左派的消費批判者更加尖銳地抨擊產品是操弄和剝削的來源，也會指控這些產品所造成的不平等。不同的職業之間會有所得差距，這點乍看下不若消費行為的差距來得嚴重。此外，為消費辯護的人不斷強調消費對個人的認同的影響有多麼大，而批判它的人則會從負面的角度看這個議題，他們將會指陳消費助長負面的人格特質，像是自大和不寬容，它更會讓人感到挫折、不安，甚至罹患憂鬱症。於是，狂熱的消費基督新教主義者將會衝向藥妝店和冷飲架，毀掉所有產品，因為它們的道德化設計加深階級差距，使得社會動盪不安。

如尼爾．波茲曼之類的消費基督新教主義者以及品牌狂熱者，會想要擺脫造成他在心理和經濟上的依賴感的假神，而未來的「反消費運動者」（Konsumoklasten）則會反對任何意義和道德的商業化。對他們而言，所有理想的東西都太重要了，通往理想的道路不能取決於個人的經濟條件，因此會呼籲讓產品重新化約為原本的使用價值，排除產品所有附加的承諾。產品不應該讓某個氛圍有機會脫穎而出，也不應該繼續被視作階級的象徵，因而造成社會的分裂。

仇視消費的人是否能夠全面破壞近幾個世代發展出來的消費文化，那要看他們未來的政治權力有多麼大。我們只要思考一下消費產品在社會和療癒方面的付出，就會明白它們不僅是滿足使用價值而已，如此一來，我們就必須承認，產品在維持秩序和詮釋方面的功能有多麼大。因此，如果說反中產階級式的仇視消費占了上風，那會是文明的毀滅浩劫。他們必須注意到，消費產品不僅可以賜與他們強烈的感覺（例如心安理得），而且還擁有足夠的影響力，因而成為下一波革命起義的導火線和對象。

第8章

消費的詩歌
Konsumpoesie

除了政治的消費中產階級之外，還有所謂美學的消費中產階級，他們和傳統的文化中產階級有類比關係。這些美學的消費中產階級不僅經常主張自由權利以及反封建的民主作為，也樂於透過藝術活動去反省且誇耀自己的生活。基本上，這些人的情感生活與世界經驗都是藉由詩歌、戲劇、室內樂或雕塑形成的，它們有助於人們想像或更強烈地體會生活，也同時為這種強度的表現提供了範本。許多文化中產階級不只是接受高度文明的各種形式，他們也會自己嘗試創作。人們會寫詩、素描、畫水彩、作曲和手作工藝。大師之作都是它們的典範，而當人們愈是親炙這些大師之作，文化中產階級的自信就會逐步提升。[129]

想多愁善感或歡樂地體驗大自然的人，可以為自己準備一本詩集，提筆描寫對於大海、群山和日落的體驗。現在的消費產品也有類似的功能。這些消費者透過設計去體會、渲染個別的情況或活動，藉此分享自己的體驗，或以特別的設計形塑它。關於產品所喚醒的內心意象、它所呈現的詮釋，消費者都會反覆推敲、盡情發揮。然而重點是一方面告訴別人對你至關重要的事物，另一方面也是透過設計讓自己明白和專注於自己的情感。人們尤其想要感謝提供情感因素和引導生活的產品或品牌。就算是門外漢，最後也可以用自己的方式表達對於某種產品的感受與見證。

現在大多數熱中設計的消費者都聚集在網路上。「Web 2.0」的互動論壇相當於十九世紀崛起的文化中產階級社團。裡頭充滿了各種討論和回應的記錄，他們討論消費產品造成的衝擊。除了讓讓消費者寫下開箱文的體驗和感受的論壇之外（往往只是複述設計、廣告和行銷原本的說法），近幾年來，相簿社群網站（Bildportale）也成為交換消費經驗的重要場所。使用者可以在「flickr」或「deviantart」這樣的網路社群平台上傳照片，展示他們購買的產品，他們會這麼做，往往都不是基於任何商業動機。十四行詩或山水畫之於文化中產階級，猶如相片集之於消費中產階級，而且相片主題還可以加上註解。其他使用者也可以對相片留下評語或是以不同的照片加以回應。人們相互肯定和激勵，進而漸漸建構自己對於產品經驗的描述模式和標準。這裡的重點是業餘文化的新變種，而部分參與者也可以形成自己的想法，他們不僅是進一步闡述產品原本就有的形象而已。

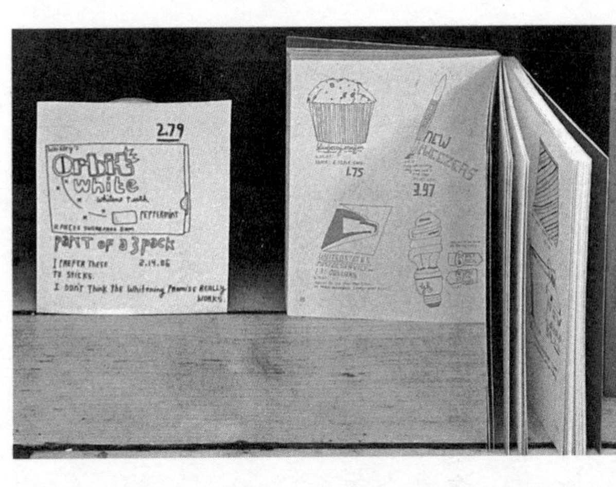

自二〇〇二年起，美國平面設計師凱特・賓佳

曼伯特（Kate Bingaman-Burt）[譯注1]即以相機記錄自己所有的消費明細，到了二〇〇六年，她更每天以素描的方式畫出當天購買的商品，最後在二〇一〇年出版《強迫症的消費》（*Obsessive Consumption*），記錄她的整個計畫，其中收錄上百幅每天的速寫。這些畫作都只有線條而已，既沒有描繪產品的材質，也沒有記錄產品的體積。包裝上的字樣倒是很完整地做了筆記。此外凱特也仔細地記下購買的金額，並佐以帶有批判又諷刺的消費者角度的個人評論。凱特也在前言裡提到，消費對她而言一直是很情緒性的東西，她們家的女生都不在餐桌上談論重要的事，反而是在購物時才會講到那些事。而她就是這樣才體會到什麼是言語的交流。[130]

凱特在個人網頁上販售這些手繪作品（每幅售價二十五美金），[131]而且得到許多客戶熱烈的回應。他們很喜歡日常生活的產品被簡化成速寫，而且以諷刺漫畫的效果強調它。這些作品就像是所有權的某種持有形式，以免錯過了哪一個效果強烈的產品設計。此外，凱特所創造的儀式也讓人印象深刻：買回來以後，先坐下來，在使用產品以前，先把它畫下來，這其實是檢查和保證的動作。唯有經過插畫家的眼睛和手的理解，才能在家中正式使用該產品。而她也完全打破人們的成見，以為消費社會都是輕率而膚淺的。相反的，凱特的計畫證明了，人們在面對日常生活的產品時，也可以像考古學家對待出土的文物，或是地質學家研究岩石沉積一樣謹慎仔細。在考古學和地質學的研究裡，速寫至今仍舊是相當重要的步驟，如此才能真正觀察到對象的所有特徵。

從照片可獲知消費者回應

然而大多數熱中設計的消費者，都是透過攝影來表達看法。許多照片都可以被理解成產品推出的品質指標：從照片可以看到，行銷策略得到什麼樣的回響，一個意象的哪些動機讓消費者最印象深刻。因此，我們不斷從各種照片看到人們如何將礦泉水隱喻式地誇大成酒品。個別品牌的高價位會刺激廠商推出高尚的、奢華的、搞怪的產品，而其他產品的推出則是證明礦泉水是親近自然的、健康又純淨的生活必需品。消費者喜歡在水邊的碼頭或山頂上拍

譯注1　凱特・賓佳曼伯特，美國知名繪畫家，現任職於波特蘭州立大學平面設計系。

攝礦泉水瓶。一瓶礦泉水在手，可以認證他們的自然體驗，而如果透著瓶身觀察落日餘暉，那更是賞心悅目的事。也有的照片採用行銷的手法，把礦泉水表現成能量飲料。照片的構圖因此會很有爆炸性或是採用大光圈。有的使用者也會拍下自己表現優異的畫面（拜礦泉水之賜），再以表現主義式的散文評論當下的感覺。有個熱中健身的消費者曾說他「每週訓練八天」，並且用掉五條止汗帶。他的運動量極大，因此必須喝掉四加侖（十五公升）的水，然後又活力充沛了。[132]

那些表現消費者自己以及產品的數百萬張相片，改變了行銷的功能和地位；與其在訪談之中詢問試用者的期望和聯想，將來人們會更加注意消費者對於產品或品牌所表現的自主行為。儘管從消費者的積極回應可以看出個別設計企畫的成功與否，可是消費者其實同時也對這些產品設計師、廣告公司和行銷經理傳達了關於動機、效果、圖像和脈絡的新構想。消費者比以往更加強勢，他們不再只是商品美學的受眾，更是創作者。在自我意識高漲的消費中產階級文化中，至少就物件的虛構價值而言，製造者和消費者之間再也沒有嚴格的界線。

當然，這往往也是雙方面欠缺靈感的徵兆：消費者重複他們在產品推出的過程中已經認知到的效果和圖像，反之，製造商也偏好掌握那些符合且滿足消費者期待的東西。因此產品的推出形式漸漸僵化，但是他們也知道，光是靠同一家廣告公司去營造形象，是不太可能產生差異化的。

就「鼴鼠皮」筆記本既有的品牌形象而言，由消費者上傳網路的相片雖然五花八門，卻也顯得千篇一律。超過一萬七千七百名使用者[133]加入「flickr」名為「鼴鼠皮部落」（Moleskinerie）的群組，[134]表達了他們對於該產品的認同。他們或是上傳筆記本中的某一頁照片，或者把筆記本擺在靜物照片的構圖裡。對於「Web 2.0」的群組而言，禁止對照片進行數位後製，那是很不尋常的事。那證明了一種反現代化的態度，可以在許多照片中窺見一斑。這些照片不准有任何新玩意兒，有時候甚至會模仿舊有的生活型態。於是會出現修院生活的場景，「鼴鼠皮」筆記本擺在木盒上，旁邊還擱著一串十字架念珠。在攤開的書頁中可以看到手繪的十字架。這位使用者也最喜歡拍攝和「沉思的生活」（vita contemplativa）有關的主體。

「鼴鼠皮部落」其他成員的照片看起來也都像是懷舊電影的定格。文字都是用沾水筆和墨水寫成的，就連部分照片也會表現復古風：黑白照片或是深褐色調。其中最受歡迎的題材就是在「鼴鼠皮」筆記本旁邊擺上蠟燭、一杯茶或咖啡。這些配件也代表著「沉思的生活」，表現了人們對於溫暖和安全感的渴望。這便和現代生活的冷漠形成強烈的對比，而在照片的構圖裡嗅到反現代主義的心態。

使用者極盡所能地完美呈現「鼴鼠皮」筆記本的照片，證明了品牌為其產品建構的「情節」具有強烈的約束力和規範性。一位來自南韓的女性使用者，連續兩年不斷地以類似的場景表達她的「鼴鼠皮的情感」。在她將近五十次的嘗試之後，終於有張相片在二〇一〇年一月得到其他使用者的上百則留言和讚美，成為那種情感的精華。[135]她後來不再拍

攝相同主題的照片，因為她顯然覺得應該功成身退了。由於景深的關係，現代日常生活讓人分心的其他部分也跟著淡出。筆記本在桌面上的倒影也讓人想起了經典的構圖方式，其中鏡子意味著默想和反省。觀照自身代表著無入而不自得，因此不會感到疏離。筆記本書頁上呈現波浪紋，正是十八世紀英國畫家威廉・霍加斯（William Hogarth）譯注2所謂「美麗和高雅的線條」（Line of Beauty and Grace）的風格元素。霍加斯認為，這種線條最為完美，因為它體現了絕對的自由，在線條的流動中完全不受外界干擾，再加上柔和和高雅的特質，不會反過來干擾其他事物。[136]這正好呼應了「鼴鼠皮」筆記本所承諾的自由、自主、創意的形象。

譯注2 威廉・霍加斯（1697-1764）英國著名畫家，在《美的分析》一書中提出「蛇形線」（「波浪線」、「S形線」）是最美的線條，並「引導視線做出一種變化無常的追逐。正因為其為心靈所帶來的快樂，因此冠上美的稱號」。

這位南韓的女使用者再也沒有講述「鼴鼠皮」筆記本的新故事，這對於該企業反而是好事。有了這些照片，企業可以更加了解自家的產品，並且在推出時更加精準。根據忠實的消費者對於美學的敏銳度，行銷企畫不僅得到驗證，而且更加完美。消費者創造的產品形象遠勝於製造商本身，這在未來或許是想當然耳的事。

假如重點不只是美學的細節，更包括特定價值的信仰，那麼企業就會嘗試掌握客戶究竟是誰，而且也會精準地考慮他們信賴誰，並且同意讓他們自己的品牌形象在企業的期望下和消費者共同發展。知名美國服飾品牌「Abercrombie & Fitch」在二〇一一年支付大筆金錢，要求「MTV」實境節目的明星不要再穿該品牌的衣服上節目，因而引起很大的轟動。儘管電視明星的身材符合該品牌的嚴格要求，也就是有完美的六塊肌，但是他俗不可耐的行為舉止卻極有可能玷汙品牌的完美形象，而那對人們理想的形象格外重要。[137]

企業結合消費者，發掘更驚人的產品特性

由於網路興起，消費者愈來愈時興公開自己的態度和情感，如果企業仍然想要壟斷對產品和品牌形象的詮釋，就會顯得不合時宜。相反的，如果製造商極力爭取有創意又人脈豐富的使用者助陣，成果會很驚人，他們會很熱情地發掘產品既有的所有特性。在美學或社會政治方面，企業如果能夠抓緊在平均水準以上的消費者，也就是「趨勢受眾」（Trend Receiver），[138]也會是很務實的事。這些人像是外部顧問一樣，會以自己的專長和想法挹注品牌形象的發展。此外，這些顧客對於企業及其品牌政策也會有他們自己的觀察，可以扮演訊息傳播者的角色。然而，在如何表現產品方面，企業必須放棄控制權，如此一來，透過無數積極的消費者建構起來的產品形象才會有公信力。相形之下，傳統廣告會漸漸式微，因為它們顯得貧乏又片面。

在某些情形下，消費者的推廣力道遠遠超出品牌原有的自我表現。他們會為品牌的形象賦與前所未有的複雜性。尤其是長期陪伴人們成長的產品，最好是從幼稚園開始，那些強烈的感情經驗早已深植在他們的回憶裡。

「能多益」（Nutella）榛果巧克力醬就是這種類型的商品。網路上的試用心得完全充

滿了對這「咖啡色黃金」[139]的各色描述，若不是讚美這是「精神營養品」，[140]就是歌頌該產品是「全家人在星期天吃早餐時不可或缺的角色」。[141]或者有人會提到，「光是那氣味就會勾起童年的回憶。」[142]實際上也有不少消費者會透過「能多益」來描述自己的人生故事，不論是小時候和兄弟姊妹搶著吃，或是妻子懷孕時非要吃到「能多益」不可，甚至是人生的危機時期，像是失業或坐牢。這個產品就像是可靠的人生伴侶一樣，在無常又殘酷的世界中成為支撐點。

「能多益」自然也是相簿社群平台的主題。在數不清的照片中，隱喻處處可見，把該產品說成大補帖或興奮劑，為人生提供推進力或是飄飄欲仙的感覺。有時候若干消費者會發現彼此都有相似的照片類型，主要是要表達「能多益」在自己心中的意義。來自法國梅斯（Metz）的六歲小男孩提摩西‧R在二〇〇八年一月畫了一張兩側襯托著花朵的「能多益」，而玻璃罐中冒出彩虹般的液體。提摩西的父母總是會以相片記錄他的

畫作，上傳到「Flickr」之後，代表他們的兒子寫說，「能多益」是他的朋友，總會在他需要安慰時現身。[143]大約過了兩年之後，有個女性使用者在「Flickr」上傳了一張照片，畫面裡正是「能多益」的罐子中冒出彩虹顏色的心型。這個產品已經被賦與超感官的力量，成為溫暖和情感的來源，其他的推薦文就會把「能多益」形容成護身符，保護消費者免於恐懼和不安，在困難的時候也能沉著冷靜，甚或取代生日蛋糕，成為新的慶祝方式。

「能多益」也讓其他使用者有機會和理由裝瘋賣傻地盡情表演，大玩泥巴戰或者幻想自己是烹飪專家克萊克（Hallie Klecker），在對方身上塗抹「能多益」榛果巧克力醬，或是舔衛生紙上的榛果巧克力醬。有些照片則是排場更大，有些背景非常複雜，不是一次就能成功的。有個來自法國的使用者用「能多益」的玻璃罐搭了一整面牆，其中有些罐子是全新的，有些是清洗乾淨的，有些則是他舔過的，而他站在罐子的正中央，嘴上貼著一張寫著「能多益」的貼紙，頭上還戴著「能多益」的蓋子。比起他在網路上傳的其他比較特別的照片，像是傳統的風景、家庭活動或教堂建築，這張照片透露了更強烈的認同渴望。[144]風趣的自評以及和別人的生動對話，處處顯現鮮明的歡樂氣氛，讓人很想再度回到童年時光。

然而這張照片卻也可以解釋成深不可測的啟示。以這種方式粉墨登場的人，難道不是因為強勢品牌而改變自己、完全失去行為能力甚是被物化了嗎？這些人自己不是變成了品牌和商品嗎？他們會像齊格蒙・包曼在《生活即消費》（*Leben als Konsum*）中所說的變成了物件嗎？這張照片當然也可以做為消費批判文集的封面照片，因為既投入又搞笑的使用者就像是強勢品牌的俘虜一樣：不自由的、飽受強迫症折磨的人類。

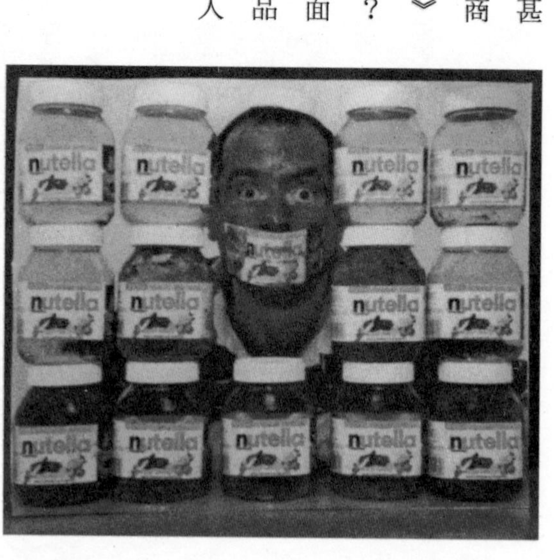

一張照片便可勝過千言萬語

在照片裡表達自己的心情的消費者，他們的敘事方式總是比開箱文的作者要細膩得多，後者大多拘泥於廣告語言。套句老生常談的話，一張照片勝過千言萬語。近幾年來，在行銷研究裡也出現了這樣的做法，他們只讓受試者透過畫面表達，而不必訴諸文字。人們相信這樣的方式更能觸及試用者的潛意識：平常不會特別浮現的感受，但是對於試用者的特徵和自我認知而言卻是影響深遠。[145]可是首先當然得發展出自己的方法，如此上傳的照片才能夠與眾不同。其中有個特別的挑戰，也就是照片本身不像它的語境那麼容易讓人推論出它要說的內容。

如果（就像「能多益」的情況）人們和產品的關係變得複雜而有爭議時，那麼企業就必須要做出決定：這種情況對於他們的績效和形象經營是利空嗎？或者他們要接受這個矛盾而灰暗的形象呢？至少，對於訴求完美世界並且宣稱有補償作用的品牌，人們會指責其設計太過簡單，而且拘泥於瑣碎俗氣的層次。而正如講究的文學和電影不能沒有衝突、激情和悲劇的情節一樣，有些人或許就更能認同那些不僅只有粉飾太平和「完美結局」的品牌。為什麼將來更高價的品牌不能至少回應消費者形形色色的演出呢？為什麼這些品牌不能以它們既有的正面感受和情境實事求是地解決個別的問題呢？

其實只要稍加注意「能多益」的例子，我們就會發現，有為數不少的顧客在照片表現出貪婪、依賴或成癮的模樣，該企業可以蒐集那些與產品之間關係太緊密的故事，進而在廣告和產品文宣中以此大作文章。此外，它也可以關心普遍的成癮問題，並且發起相關的研究計畫，支持輔導機構，發動教育宣導活動。對於那些把顧客表現成施打「能多益」的癮君子的照片，那至少是個值得信賴的回應。然而也有些相當極端的例子，像是某人擺出

絕望的姿勢、畫面上緣的頭部被裁切掉的照片，桌上擱著填滿「能多益」巧克力醬的注射針頭，此外還有一根折彎的湯匙，好像吸毒者用過，為畫面的氣氛增添許多侵略性。

「能多益」公司也委託專業的廣告攝影師拍攝這類畫面，並在二〇〇六年公布。畫面中可以看到一個女人坐在桌前，除了桌緣的「能多益」的玻璃罐之外，什麼都沒有。這位女主角則是著魔似地盯著玻璃罐，宛如會有什麼危險的東西從中冒出來。她的嘴邊沾滿了「能多益」巧克力醬，使得玻璃瓶更像是個強悍的對手，她可能會落下風。她似乎大受震懾，甚至像是被強暴過，畫面散發著冷酷、無望又恐懼的氣氛。畫面中的女主角因此看起來像是強勢產品的受害者：孤立無援，看起來無處躲藏，完全被困在不知所措的產品關係裡。

當然這類的照片也可以被視為諷刺性的演出。畫面中女主角的眼神和手勢會不會太誇張了，讓人覺得像是漫畫的強調效果？它難道不是在強調產品的誘惑力嗎？「能多益」的製造商不也承認他們並不在意自家的產品被認為有成癮性嗎？

這張廣告照片不斷被瘋傳，或許正是因為誇大效果的歧義性。在各個網路相簿平台中出現了許多不同的版本，內容既是對於消費者和產品的關係的戲劇化滑稽表現，也很殘忍地揭露了其中的依賴性。女性們總是表現她們與「能多益」的關係：無論是淘氣裝扮，或懷孕挺著大肚子，這些人都滿心期待著玻璃瓶裡的能量和刺激。她們的嘴邊都會抹上榛果巧克力醬，而那不盡然有弄髒的感覺。它可能意味著，畫面中的女性覺得「能多益」很熱情地給她一個吻，讓她更能夠忍受寂寞。如此一來，該產品與其說是侵略者，不如說是安慰劑，而且至少擁有某些女人期待的強壯、激情的男性特質。

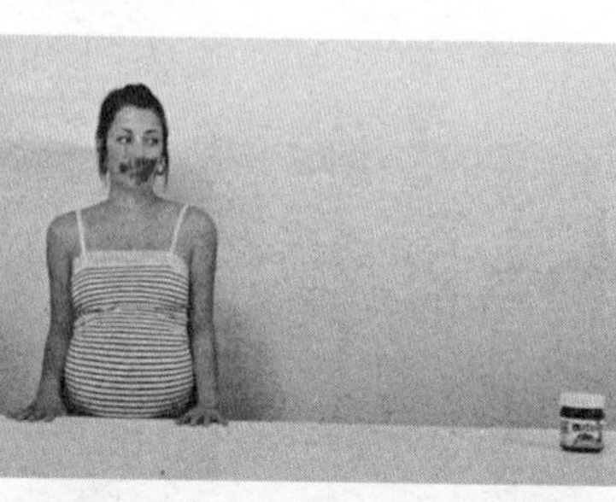

這個例子就是病毒行銷中的成功手法，充分利用了網友渴望接觸的溝通需求。因此，一句滑稽的廣告口號、荒謬的照片或是鼓舞人心的訊息，才會到處瘋傳或是出現其他版本。只要花少許的錢就可以引起相當大的關注，而照片甚至可以在網路世界爆紅。一種讓人印象深刻而群起模仿的模式於焉誕生。「能多益」的廣告照片顯然就有這樣的品質，而相關的照片會在日常生活中的部落格、粉絲專頁或社群網路平台上頻頻出現。

為照片的種種變化提供觸媒，進而奠定某個品牌或產品的基調，這在未來會累積成廣告的特性。「能多益」這個例子告訴我們，畫面固然要明確，但是不能只有單一面向，照片才能成功。能夠抒發矛盾的情感，超越熱情支持和斷然拒絕的單純二分法，甚至以諷刺的口吻敘事，那樣反而會得到更大的共鳴。對自己的人生影響重大的產品，很少會是意義明確的，在下一個世代（更加習慣網路的溝通方式），這點會是不言而喻的見解。廣告企畫不再只是單調的讚美口號而已，反而會對於消費的批判再也站不住腳。

在文化中產階級的全盛時期，照片的製作和流通所費不貲，因此不會有網路爆紅的現象。然而當時反倒出現一種到處瘋傳和變體的設計形式，也就是抒情詩。這種有格律約束的語言，著重明白曉暢和可辨識性，而且只要詩人知道如何在三言兩語間傳達複雜的底蘊，讓讀者反覆玩味，產生不同的解讀，那麼這些詩就會在讀者間琅琅上口，到處流傳且唱和。其中像是歌德的《流浪者夜歌》（*Wanders Nachtlied*）、克勞狄（Matthias Claudius）《夜歌》（*Abendlied*）和席勒的《大鐘歌》（*Lied von der Glock*），就出現了數不清的變體，長久以來，這些詩歌一直保有爆紅的特質。具有類似格律的新詩作已不復見，然而當社會進入「圖像轉向」（iconic turn）（圖像的重要性與日俱增），[146]我們也確立了一件事：愈來愈多的圖像將取代過去的詩歌，成為集體記憶的入口，或者至少對特定的時代而言是歷歷如繪的。

雖然沒有出現在「Web 2.0」的品牌或產品會被認為是行銷失敗的案例，但是人們也應該要想到，並不是所有東西都適合相同的網路溝通方式。例如高級全球品牌的客群寧願低調，並且鮮少在社群網路中交換意見，也有些品牌早已大受歡迎，因此聳人聽聞的產品推出方式反而會顯得很突兀，在網路平台上，這些成功的品牌反而會相對低調。

然而，將來人們會認為許多品牌之所以失敗，是因為它們沒有辦法製造足夠的虛構特質，以致於使用者無法自動自發地產生連結。然而，產品無法激起消費者的想像，是因為品牌本身單調乏味而僵化所致嗎？如果消費者自己沒辦法形成意象且持續推動它，那該怎麼辦？相反的，所謂的強勢品牌，就是除了購買者以外，更有許多支持者，他們以各種方式（尤其是照片）表達和特定產品的關係。這些照片就發揮了所謂「消費的詩歌」的功能。

第 9 章

價值資本主義
Wertekapitalismus

在近代建築史中，有一棟最不尋常的房子，其最引人矚目的細節就是門把。門把的存在本質在於打開一扇門，意味著一個空間和另一個空間的連結，以及打破原有的界限。日常生活的過程就從這個關注開始，它讓人們認知到，一個物件也可以成為哲學導師。然而，如果說這棟屋子的建築師本身就是哲學家，那也沒有什麼好大驚小怪的：路德維希・維根斯坦（Ludwig Wittgenstein）譯注1在一九二六年至一九二八年間為他的姊姊瑪格麗特・史東波爾（Margarethe Stonborough）在維也納蓋了一棟房子。其中最為人稱道的軼事就是維根斯坦在興建過程中一絲不苟的態度，任何瑣碎的設計問題都不容馬虎。身為訓練有素的工程師，維根斯坦建構所有細節，如同製造機械一樣。他的標準高到讓許多原件的製造商必須採用新的技術才行。為了將門把直接裝上大門（而不用門把罩板），鎖匠必須以〇・一毫米誤差以下的精準度作業才行。

這棟屋子中的其他組件都像那道門把一樣。維根斯坦將居住描繪成一連串的儀式，並且自成一格。只要打開門就要上樓梯，不論是打開窗戶或使用電梯都是一樣的儀式。他對每個物件都有獨特的設計：門把的位置要比平常高一點，電梯開關要經過兩個步驟，以避免不必要的動作。有別於舒適和便利，這些物件都對使用者強調其自身的存在。他的房子是「聽力敏銳和舉止得宜的產物」，維根斯坦如是說。147

這個說法正好符合德國工藝聯盟的要求。他們相信可以從美學接軌到道德，並且創造出不只是美感的「優良設計」。可是儘管維根斯坦的設計如此清楚簡約，他顯然也受了柏拉圖主義的風格：除了他的家以外，又有哪裡可以實踐沒有任何渦卷曲線造型的門把構想呢？又有哪裡可以讓日常行為擺脫以前的種種意義呢？

物件和消費文化本身即是誇大的結果

現在物件和消費文化的差異也就昭然若揭了：儘管消費文化總是和意義有關，然而幾乎都在致力於讓物件和行為變成新的東西。語意的升級和改變蔚為潮流，人們不想看到日常生活的本來面目，而要它蛻變成緊張、重要、新穎又意想不到的事物。一切都不再只是它本身的樣子，光是物件和消費文化本身就是誇大的結果。

譯注1　路德維希・維根斯坦（1889-1951），生於奧地利，是二十世紀最有影響力的哲學家之一，也是分析哲學及其語言學派的主要代表人物。維根斯坦的思想基礎主要來自弗雷格的現代邏輯學、羅素與懷特海撰寫的《數學原理》以及G·E·摩爾的《倫理學原理》。維根斯坦的主要著作《邏輯哲學論》和《哲學研究》則分別代表了其一生在哲學道路上的對照。

在市場經濟的競爭中，只要引人矚目而響亮的事物，都有機會讓人驚艷。即使是很少消費的人、對於產品的情感化不怎麼感興趣的人，有時候也會注意到它們。（弔詭的是，他們反而是最容易受操弄的人：正因為他們不關心消費問題，相較於很清楚消費只是文化技術的工具的人，他們反而更容易成為行銷手段的受害者。）誇大效果對於製造商而言也有個好處，他們可以超越不同的環境和生活態度，接觸到大多數的群眾，而不必因此把他們都一視同仁。因此，人們至少可能有三種行為方式：當產品透過強烈隱喻而扭曲、標籤上寫著很誇張的承諾，或是訴諸華麗詞藻的行銷。

不少人會因這些誇張的方式而大驚小怪。他們相信，如果廠商是礦泉水的行家，就應該真的有品質保證，也相信沐浴乳真的可以提升能量，購買讓人心安理得的產品確實可以讓世界變得更好。至少某些產品和品牌很容易就得到他們的認同甚至是信仰。他們會和批判者抬槓，為這些品牌辯護；他們很清楚產品的不同款式的差異。而安慰劑效應對這些人也最有效。

其他人基本上則覺得這樣的誇大不實是不適當的。他們認為那是不正派的做法，甚至有褻瀆的意味。正如柏拉圖一樣，維根斯坦和德國工藝聯盟都覺得有義務謹守真實性的概念，對於商店裡許多誇大的形式完全無法幽默以對。他們覺得自己被嘲弄，被當作傻瓜般出賣、利用。可是他們又覺得自己更優越，因為他們比其他消費者清醒，可以看穿惡劣的操弄把戲。如果他們夠坦白的話，他們甚至會承認自己樂於揭發產品過分、荒唐而強勢的誇大促銷手段，而覺得可以證明自己反消費主義的立場。這樣的憤慨對他們而言是好的，知道自己站對邊，更會讓他們心滿意足。

第三種類型的消費者也一樣可以看穿那些誇大不實的策略，不過他們卻壓抑自己道德說教的反應。這種類型的代表反而可以接受誇大方式，而覺得興味盎然。雖然他們對於製造商的厚顏無恥感到詫異，卻對於產品的各種樣式和誇大大感興趣，尤其欣賞那些荒謬、不適當而又原創性十足的誇大效果，在他們眼中，那正是時代精神和趨勢的體現。他們甚至會羅列自己覺得特別有意思的部分，或是盡情嘲諷和幽消費產品一默，在商店裡駐足，不放過產品標籤上的任何字眼，尋求所有誇大效果中的佼佼者。

多數人不會明確承認自己是哪個類型，他們認為那要視產品類別以及他們的反應而定。在某些情況下，他們確實相當天真：他們堅信一定要使用特定品牌的產品才有辦法煮飯或是刮鬍子。不過遇到其他產品類型，他們馬上很清楚那只是誘騙消費的手法，身為消費者，人們根本沒有辦法採取適當的批判立場和距離。而換個位置，他們又可以輕鬆以對，看到誇大的語言時也會覺得很好玩。

誇大效果引發三種情感經驗

因此誇大效果很容易產生三種珍貴的情感經驗：強烈的認同感、道德的優越感、美感和知性的樂趣。相較於所有「優良設計」的努力，它其實是很成功的策略。在面對它的時候，人們固然可以成為熱情的擁護者，但是很難把其他兩個立場也拉進來。如果人們不喜歡相關的情操以及使命感，自然也不會有什麼優越感，更不可能嘲弄充滿設計的創意。

誇大的原則在近幾十年來（打從富裕社會的興起開始）甚囂塵上，對於第三種諷刺性的消費行為的影響特別大。在產品以繁複而鮮明的意義符碼化以前，人們很難想像居然會對它不屑一顧、瘋狂支持它、揶揄諷刺它，或是扭曲它。而語意化愈是誇張，就愈容易讓人自信以對。如果兩個世代以前的人們沒有機會對礦泉水、香皂或廚具冷嘲熱諷一番的話，那麼他們自然也會發展出其他形形色色的行為模式。

對於作家和藝術家而言，此間尤其誕生了一塊新園地。如果他們還可以領導前衛的話，或許能夠告訴消費者如何更自由而知性地面對消費美學的種種形式。因此像是大衛・華格納之類的人，就會在他的「超市小說」裡反省消費者每天在冷藏櫃和貨架上看到了什麼。[148]對於我們覺得很孰悉、宛如老生常談的東西，他藉此提出了另類而有洞見的觀點。

像史黛芬妮・中格（Stephanie Senge）這樣的藝術家更是借題發揮。[149]她從一九九〇年開始在超市蒐集來自許多國家的不同產品，而商品類別也相當廣泛。她會為了每次的工作或活動從蒐藏品裡挑出幾件來，例如在「愛情」、「限定版」或「時間控制」概念下的東西；而在其他的情況之下，像是她在二〇一一年推出的「消費構成主義」系列展演，就推出產品包裝的主題，彰顯其風格歷史的背景或是產品推出的企圖。她在二〇一一年的行動藝術裡更是以品牌的口號展出。展演的題目名為「來自超市的抗爭」，主張「大家的奢侈品」或是「這裡人人有份」，那些口號正是企業用以賣弄他們的政治動作的工具。她將這些口號印在畫布上，和示威群眾一起走上街頭。而這些口號就透過擴音器與群眾的齊聲吶喊，大聲播送。

藉由她的計畫（以及藝術工具），中格嘗試讓每天受到消費挑釁的民眾以新的方法和產品相處，讓他們更有意識也更有自信。她想要「鼓勵他們成為強勢的消費者」。[150]這樣一來，就像其他在作品中探究品牌和產品的美學的藝術家們，她也揭露了消費世界所形成的格式化和社會化。這樣就可以透過其他更自由的教育形式補充商品美學教育。除了藝術領域之外，或許沒有其他領域更適合將以前文化中產階級的理想過度到消費中產階級的參與了。

可是另一方面，產品及其行銷的誇大效果，也會誤導消費者以誇大的認同或抗拒方式去回應它們。他們將品牌名稱刺青在身上，或用品牌名稱為自己的小孩命名，或者是為了蒐集同品牌的全系列商品而負債累累。此時會出現的就不只是奈爾・波爾曼這樣將品牌產品公然燒毀的「反消費運動者」了，還會有一些年輕人以刻意破壞個別產品的行為，表達對品牌崇拜和消費主義的反抗。他們會以暴力方式將像蘋果品牌的熱門產品解體，並且拍成影片。其中最引人矚目的，是把剛上市的產品款式砸壞，而在那個時候，許多人正在煩躁又渴望地大排長龍，等著抽號碼牌。151

這類行動多半是為了耍酷。而耍酷本身就有誇大的意味，但那最多只是證明別人沒有他那麼酷而已。許多人覺得擁有昂貴的、限量版的、設計感很強的品牌產品是一種炫酷，另一群人則認為砸壞該產品才叫酷。這個行為也是勇氣的考驗，他們必須考慮到，那些認同被砸壞的品牌產品的人會怎麼羞辱他們，把他們當作瘋子，或是以其他方式攻擊他們。

自主、夠酷的象徵

早在宮廷世界之中就有這種誇大和耍酷的行為。當時的物品往往都極其奢華，有些設計甚至沒有任何功能上的考量。雕花的椅背讓人坐了背痛，巨大的躺椅則會讓人全身陷進去，沒有別人幫忙根本爬不上去的高床，穿了根本沒辦法走路的鞋子，在宮廷文化中屢見不鮮，更不用說那些歌頌日常生活行為的繁複儀式。這樣的誇大效果尤其有一種象徵性的功能。由此可以證明人們夠自主、夠酷，可以應付有「設計的要求」（dictates of design），並且放棄舒適、溫暖和愜意的感覺，雖然人們應該都買得起。[152]（或許人們甚至可以藉此促進社會祥和，讓那些必須放棄舒適生活的大多數人再也沒有妒忌的理由。）

以前的誇大手法妨礙了對物品的使用價值（反過來說，它也使得「優良設計」的觀念更有吸引力），現在語意的誇大則成為主流。消費者與其說是使用者，不如說是閱聽人，產品的誇大和上流文化或流行文化的各種誇大手法可以說是殊途同歸。因此，諸如設定成「快樂結局」的輕小說主要是針對大眾讀者，他們會把它當真，藉此熱切地盼望現實世界會更美好。在歌劇中的情節都很矯揉做作（平心而論，根本是難以置信），使得觀眾採取美學的距離，對於差異習以為常，不會把它當作錯誤而抱怨連連。

哲學的反思和理論建構也經常會有誇大的手法，而當漢娜・鄂蘭（Hannah Arendt）說到「思考總是在誇大其辭」（Denken übertreibt überhaupt immer）時，其實也有誇大之嫌，不過她至少從正面的角度探討誇大的概念。[153]許多哲學家，尤其是對思考的實踐層面有興趣的，總是會刻意誇大而譁眾取寵；他們想要藉此讓人感到詫異或困惑，尤其是要強調思考除了對「唯一的」真理有責任以外，也有自身的特質。從古代的智者學派到現代的齊澤克（Slavoj Žižek）譯注2，誇大都是讓人類擺脫特定思考框架的束縛的方式。人們可以藉此敷演各種理論的結構，讓人對於意識形態的正當性產生懷疑，並且提倡諷刺的態度。

然而誇大手法往往也透露了對於時間「壓縮」（Komprimierung）的期待。人們尤其喜歡在大家沒想到它會得到完整又持續的關注時利用這個手法。這對於一直被譏為晦澀難解的哲學或許是如此，但是在另一個情況下，大多數消費產品也是這樣。相對於電影、小說或影片，消費產品會有個明顯的劣勢，對於前者，閱聽人可以好整以暇地和片中主角建立情感關係，或者認真探討潛藏在情節裡的價值。然而人們很少會專心關注產品的設計。就算有，往往也只有很短的時間：在店裡，或是當人們拿起商品準備使用時。因此它必須更密集地利用這麼短的時間，以達成特定的目標。不論是更強烈的說法、更刺眼的色調、更大的承諾，都要在接收的瞬間得到發揮。

當然，野心勃勃的品牌總會有別的方式延長消費者對它的關注。因此這些品牌就不會像過去那樣仰賴速效的誇大方式。尤其是在產品本身相對於虛構的想像而成為次要的東西時更是如此，虛構世界自成一類，它會利用其他傳統的廣告和產品促銷建立自己的形象。

已建立產品形象的企業會著眼於產品以外的投資

只有已經建立產品形象，而不必為其發展再做投資的人，才會在產品以外多費心思。如此產品可以多著墨在運動、文化或者其他娛樂領域，不僅是贊助而已，而是積極設計，透過在過程中產生的內容贏得廣大的注意力以及對應的形象效果。許多人都知道，只要購買一罐「紅牛」（Red Bull），其部分金額會用來支持刺激又冒險的計畫，那些計畫正好表現了該企業的精神「如虎添翼」。正如同廣播或電視的收視費用一樣，人們也可以透過購買以支持一級方程式賽車、足球賽或是極限跳躍等賽事，比起單純的產品設計或傳統的廣告，它們透過電視轉播和評論，甚至是網路、推特和其他媒體得到的回響要大得多。

然而，當任何品牌在類似運動的領域曝光，往往無法預測會發展出什麼形象。企業固然不會委託積極參與的消費者去擴大行銷企畫的推展，然而它們會投入那些存在著悲劇

譯注2　齊澤克是斯洛維尼亞的社會學家、哲學家與文化批判家，也是歐美著名的後拉岡心理分析學的學者之一。

性的失敗、不幸的意外和膽怯的失敗的領域。要是紅牛企業在二〇一〇年十月贊助菲利克斯・保加拿（Felix Baumgartner）[譯注3]的同溫層跳傘計畫失敗了，今日的它又會代表什麼意義呢？首先，如果人們可以證明企業的準備工作太過草率，對企業形象就會造成損害。可是擁有勝利光環和完美戰績的企業也會被修正。企業必須以意外的處理和冒險的勇氣證明其重要地位。

企業藉由產品推出以及冒險運動的媒體傳播以塑造形象，而透過它們也可以建立一套技術標準。真正創新的不是產品本身，而是品牌化。以前只有娛樂工業的企業可以決定電視節目的形式和品質，現在積極投入形象政策的企業的行銷部門也參與其中。像是高空跳傘的極限運動，就發展出新的醫藥或攝影技術，而這些新發明也可以應用在其他領域。此外，比起沒有先進的娛樂媒體的社會，享受刺激感的人們更能夠和平相處，在庶民經濟上因而也產生正面效應。可是他們的行為模式會有根本的變化：以前所謂的「廣告」，現在可以讓企業更有價值，並且成為社會進步的動力；相較之下，企業的產品就沒有那麼重要，只要大多數顧客在經濟上負擔得起它的創新就夠了。

在這些層面上營造美好又引人入勝的形象，讓行銷成為現在娛樂和事件文化的相關要素，那是在富裕社會以外難以想像的情況。我們也可以視之為一種奢侈的形式（有別於誇大的形式），多數人願意花一筆為數不小的錢在日常生活產品上，以資助新的休閒型態。宮廷貴族階層社會習以為常的事情，在民主的情況下得以再現。過去的納稅義務人付錢供養王公族的奢侈生活和娛樂，而今日消費者則是花錢讓自己享受。過去只有貴族才能負擔奢侈品的支出，而且一個人經常抵過了整個社會中相當比例的經濟支出，相反的，娛樂活動在今日更加普及了。的確，像是極限運動員那樣獲得紅牛企業創辦人馬特希茨（Dietrich Mateschitz）大筆金援支持並直接實現夢想的人，畢竟仍是少數，不過拜新型態媒體的發展之賜，更多群眾也得以參與其中，感受到刺激而創意十足的娛樂效果。

經濟史家維爾納・桑巴特（Werner Sombart）[譯注4]在一九一三年的研究指出，宮廷奢侈社會有助於資本主義的發展和貫徹。支持資本主義思維的企業，和奢侈品行業的巨大景氣波動一樣，都必須負擔昂貴的原物料和同樣沉重的財務支出。[154]沒有辦法隨時擁有充裕資金的人，自然也就沒有機會在絲綢交易、珠寶產業或香水產業生存。

譯注3　菲利克斯・保加拿，一九六九年生於奧地利，是著名高空跳傘、定點跳傘好手與特技運動員。

如果說早期消費主義的氛圍（除了基督新教倫理以外）的誇大，為現代資本主義提供了基礎，並且影響了整體經濟秩序，那麼今日的奢侈和娛樂產業則是導致下層結構的全面性改變。因為日常生活的需求相當著重於種種條件、虛構和主題，行銷的重點也會落在使內容更鮮明、獨立，因此有別於過去，資本主義的邏輯可望擴張。企業不再倚賴行銷研究的結果為其利益最大化，反而會注意在定義其主題時有沒有辦法產生更多的驚奇和刺激。市場研究可以發現消費者什麼時候想要紓壓、什麼時候渴望刺激，可是它沒辦法用來發掘新的主題，並且發展出原創性的休閒形式。製造商的責任本來就是要認識消費者的需求。因為誠如蘋果創辦人賈伯斯所說的，「顧客不知道自己想要什麼。」[155]

在利潤及形象政策間取得平衡

假使企業不單只是回應要求，而是在主動的形象政策過程中擁有主題且推銷價值，那麼他們的作為就不再只是單純的資本主義。儘管這些企業推廣形象的目的是為了提高市占率或排擠競爭者，他們也都習慣了重視所推出的主題和價值。也許企業也肩負內容或意識形態的使命感。而企業內部則會在追求利潤和主題管理、利潤和形象政策之間持續取得平衡。

儘管如此，目前只有少數企業有足夠的自信開拓新穎而有爭議的內容與價值。多數經營形象政策的企業，往往都是跟著社會風氣而設定主題，諸如「永續性」、「生態」或「社會相容性」。他們擔心如果不選擇支持既有的價值，會嚇跑過多潛在的顧客，因此他們寧願盡可能以市場研究的結果為依據。

然而企業至少在使用上述主題的方式上有了顯著的變化。企業開始覺得，原本基於時代精神和市場研究而考慮的東西很重要，並將之獨立於利潤期待之外。許多活動，從證明企業道德的永續經營，到新的贊助型態，或是以生態社會計畫吸引顧客的做法，都在經理人的心中發揮了作用。他們自己的活動企畫回過頭來改變了他們的思考。

我們可以藉此臆測一種發展，它自古以來一直是哲學的主題。人們一直在思考，光是習慣是否足以改變現實。西賽羅相信這種可能性，因此才會說：「習慣成自然。」（consuetudo est altera natura）[156]中世紀的《拉勒之書》（*Lale-Buch*），也就是所謂的「匹

譯注4　維爾納・桑巴特是德國經濟歷史學派的思想家。該學派主張以歷史研究做為人類知識和經濟研究的基礎，他們認為經濟的內涵仰賴文化，因此僅限於一定的時空範圍內。

夫百姓」（Schildbürger）譯注5，對此有相當生動的例證。故事中描述哥丹姆村的人天生絕頂聰明，吸引世界各地的人前來尋求寶貴的意見，卻導致他們根本無暇理會自己的家務事。某天他們終於受夠了，於是決定要開始變蠢變笨，這樣才有辦法重拾悠閒的生活。當他們決定變蠢之後，沒過多久他們居然就真的變蠢了。而等到他們發現「習慣養成的潛移默化」後，卻為時已晚，因為他們再也沒有辦法脫離愚蠢了。[157]

起初只是表面上關心環境和工作條件問題的行銷經理，也可能會漸漸淡忘了，除了生態與社會的觀點以外，還有其他面對問題的方式。他們已經習以為常，以致於成了心悅誠服甚至有使命感的單位。他們自信滿滿地扮演起教育者的角色，批評消費者在教養、敏銳度或行動力方面的不足。

因此企業的目標就不再只是盡可能獲利而已了，而是追求第二個目標，宣揚主題、構想或理想。除了利潤以外，企業負責人也對更極端的休閒型態，或經濟和科技發展保持好奇。這讓他們更有動機透過行動、社群網站和大型活動去改變消費者情感和態度，更能夠支配並塑造屬於他們的時代。

價值至此就提升為許多企業新的主要訴求。人們競相要求更多、更重要又可靠的價值，彷彿擁有價值本身就是正面的事情。然而對於價值的天真渴望也顯示出，當企業政策不再只是和利潤有關時，會是何等新穎又令人驚奇，因此價值似乎等同於營利，同時還可以承諾更多的東西。

價值成為企業新的主要訴求

在回顧二十一世紀企業對於價值的狂熱時，我們或許會不覺莞爾。經理人扮演起衛道人士的角色，而企業創辦人更想成為救世者。其中某些人，像是網路鞋店「薩波斯」（Zappos）的創辦人謝家華（Tony Hsieh）更說幸福（他心中的最高價值）是他們企業的宗旨。謝家華提到自己如何致力研究幸福，以及如何讓研究成果應用到企業運作中，更進一步透過全球企畫的活動開展更多的幸福。[158]它體現了新型態的企業家，價值資本主義者（Wertkapitalist），依舊以良好的損益平衡為榮，可是也會以淑世行為去定義自己。

然而，不追求資本主義式的發展取向的企業，其實早已出現了。教堂一直以來都是這樣的機構，其活動都與利益有關，同時又不忘貫徹自己的價值與目標。魯道夫・史代納的

譯注5　原名為「Wise Men of Gotham」（哥丹姆村的智者們），是一則流傳已久的英國鄉野故事。

「未來股份公司」也表現了雙重的定位，企業則是同時標舉出對經濟和意識型態的興趣。此外人們也會想到出版業，儘管出版社必須在市場上追求生存之道，但是他們不只是追求商業的目標而已，而是以它們的專業表現其理念的興趣、政治或宗教的立場。

然而正如以前不僅只有「專業出版社」（Programmverlag），出版界的許多業者對於營利的重視也勝於內容，因此很難期待所有企業在資本主義邏輯之外還會追求別的目標。不過如此一來，單純的量販產品就會繼續以需求為導向，並且只以銷售利益為訴求而上市，而象徵社會地位或特定價值的產品類型，也會比以前更能夠證明生產者在理想或想像方面的努力。他們把產品視作一種媒介，讓訊息更具有吸引力和效果，以「實用與盡興」（delectare et prodesse）[譯注6]的原則傳播。這些企業花了許多錢來滿足他們的使命感，但他們的興趣不在於產生更多的資本，而是追隨者的數量的增長。

近幾十年來出現了許多企業，創辦人在決定將自己的目標以產品的形式問世以前，都會面臨究竟是要加入某個集團，或者獨自在街頭奮鬥的選擇。對於特定價值的信仰並不是追逐流行的行銷概念；品牌反而可能引領潮流，並且有振衰起弊的功能，再度贏得關注。

英國品牌「美體小舖」顯然就是這種積極的品牌類型的典範。我們不可以把創辦人安妮塔・羅迪克（Anita Roddick）於一九七六年創辦的品牌和二〇〇六年被巴黎萊雅集團收購後的品牌混為一談。這個品牌從成立之初就不斷關注時事議題，其中多數都由羅迪克自己定調的。該企業多年來關注各種不同的議題，諸如拯救鯨魚、奈及利亞開挖地底石油而對奧貢尼（Ogoni）居民的生活品質造成危害、反對化妝品產業採取動物實驗或是性別暴力的問題。羅迪克不畏強權，就連英國殼牌石油開發公司（Shell）也一樣遭受她嚴厲的抨擊，她不認為自己是聯合經濟體系的成員，反而比較像是社會運動者，以示威者或政治家的方式進行抗爭。她將資本主義利益放在政治目標後面，也可以從她表達「極為失望」的看法中一窺端倪，「媒體或銀行總是持續估算我們的利潤或是銷售量，而我們多麼希望外界從我們發起的運動來看我們。」她也中肯地表示，「我們自始想要強調的，並不是我們的產品，而是我們的理念。」[159]

羅迪克把自己的企業視作「公民運動」，其產品則是扮演「社會和政治變化的推進力」。[160]其背後的觀點在於，任何願意付錢購買產品的人，自然就是選擇認同和品牌相關的價值。這個品牌會取代那些有領導魅力的演說家或是嚴格的導師，它給與人們信仰的目

譯注6 「實用與盡興」是十八世紀流行的一種文學格言，主要強調文學本身除了娛樂的效果之外，也應該要有教化的功能，寓言故事便是最好的例子。

標並且投身其中。羅迪克甚至將自己的品牌視為「載體」，並且「將價值引入非價值取向的產業」。企業產品的使用價值對她而言反而是次要的，因為「沒有人真的需要我們販售的產品。若是想要讓頭髮定型，使用美乃滋也會有相同的效果；想要去角質，直接用鹽巴就好了」。[161]一旦那些世俗的化妝品多了政治意味，產品對於羅迪克而言就有了真正的剩餘價值。如此一來，她認為人們才有購買的理由，消費者等於有機會「藉由購買行為而做出良知的抉擇」。[162]

形塑產品的信念，而非迎合消費者的期望

美國品牌「巴塔哥尼亞」（Patagonia）是專門生產登山與運動服的公司，企業的政策正是和資本主義發展目標的壟斷決裂。該品牌的型錄中不僅展示最新的商品，也會呼籲消費者思考自己究竟是不是真的需要購買該項產品：「我們固然也想販售我們的產品……但是我們也呼籲客戶購買自己真正需要的東西。我們所生產的所有商品（或是其他廠商的產品），都會讓地球付出更多代價，而我們可以回饋的始終太少。」因此型錄下方就會建議「好好利用」手邊有的產品，「就算壞了也可以送修」。這家企業甚至提供額外的免費維

修服務。最後甚至還要規勸客戶一番，並表示所有服飾「其實都比我們想像中的耐用」，就算真的壞了，也可以將衣物送回該公司資源回收。[163]

「巴塔哥尼亞」同樣講求透明化，並且反過來抱怨多數消費者的無知，而若想解決這些問題，就得要訴諸生態保護的作為。逛商店的顧客會有如經歷一堂啟蒙課程一般，店內四處都可以看到標示牌，展示每個製程的用水情形、各項原料的產地和資源回收計畫。此外，店內還有另一個形象強烈的創始人物介紹，宛如神話一般崛起的美國登山專家伊凡・修納德（Yvon Chouinard）[譯注7]，他在一九七二年創設「巴塔哥尼亞」這個品牌。該品牌的門市都會懸掛他到世界各地探險的照片，而他的照片、名言與傳奇也是各類產品型錄不可或缺的題材。

如果說企業公開表明自身的價值與目標，而且不單憑行銷研究的結果，片面地以營利取向回應，那麼就會在產品裡體現人格。他們是企業哲學的創造者和作者。這些哲學是形塑自他們對於產品的信念，而不是迎合消費者的期望。過去透過活動和構想來彰顯企業的時代，都會變成以新型態的英雄事蹟為敘事主題的時代。任何以主題與價值為導向的成

譯注7　伊凡・修納德，一九三八年生於美國緬因州，是著名的攀岩者、環境保護者。

功創辦人，都會被譽為創意人物，同時具備知識分子與藝術家的特質。或許沒有多久，就會有企業家自傳和藝術家自傳的文類出現，像是羅迪克、修納德、謝家華和馬特希茨之類的人物，也會獲得普遍的推崇，並且出現眾多的後繼者。自從賈伯斯在二〇一一年過世之後，許多報導與評論就出現了塑造新神話的觀點。

除了創辦人之外，價值資本主義企業也有其重要意義，它負責價值的計畫、定義和交換。行銷經理搖身一變，成為形象編輯和計畫主持人，獨立於既有的需求問題，著眼於清楚而有吸引力地宣示其主題和理想。他們使用消費產品、「銷售點」和許多其他的方式，做為啟蒙、動員和情感化的機制。他們特別想要影響大眾，進而改變他們的想法。未來的企業很可能主導輿論的形成，進而促成公開辯論。它們可能比傳統媒體更重要，在推動特別的情節時，或是將觀念植入日常生活的行為，以及在知識與行為之間搭起橋樑。形象編輯可藉此坐擁權力，並且成為更大品牌的形象編輯，進而成為知識分子冀望的目標。

然而人們不應該美化一個價值重於成長的未來。畢竟會自命為企業家的，不僅是有環保或社會傾向的人，也包括喜歡冒險的瘋子。各個教派的代表，看法極端的人，宗教的、世界觀的、政治的意識形態分子，也會發現可以透過消費產品對世人造成更大的影響，它是比手冊和佈道又更有效的宣傳方式。

他們將會明白，購買高價產品的人，雖然花了一大筆錢，也會覺得是對自己的回餽，或者至少得到禮遇，而且覺得有義務回報。為什麼這種感覺不會發展成對某種見解或規畫的肯定呢？任何有辦法把專業產品和意識形態結合起來的人，就可以獲致成就並且贏得懷疑者的心。實際上，在每個時代中，只有少數人會在知性上被意識形態說服，可是有很多人會因為對於該意識形態的代表人物心存感激而被說服。

當多元的世界觀變成傳道時，在一九六〇和七〇年代的消費批判喜歡講的消費者操弄再度成為流行口號。消費會遇到社會的重新意識形態化；相反的，由於語意的誇大而產生對於產品的諷刺、玩味美學或毫無反省力的行為，則會漸漸失勢。關於世界或人類形象的「銷售點」競爭會於焉展開。超市不再陳列所有供應商的產品，反而會在這些品牌之中決定哪些和它本身意識形態相符。如此一來，這些品牌的角色就會很類似現在的大型雜誌，有著無數編輯和自由作家為它執筆。

競逐權力的人首先都會建立標籤，構想新產品，呼籲杯葛代表不同價值的品牌。革命分子不再只是占領電台而已，而是必須先換掉冷藏櫃和藥妝店裡的所有商品種類。在祕密實驗裡，人們研究如何將產品和形象、特定價值和構想結合得更好。不管是沐浴乳、單車頭盔或者手機，都必須發展出策略，俾使宣傳特別有效果。未來的獨裁政權也會藉由形象編輯和商品設計師而成形。

可是人們最後還是會懷念過去單純資本主義的年代，大多數企業和行業都還沒有以價值為導向。然而在那以前，當人們厭倦於就每個消費行為的意識形態爭辯時，至少會回想起過去獨占資本主義的美好年代，人們只要選擇大概適合的產品即可，不必將產品視為任何宣傳活動的對象。而且即便在最糟的情況之下，人們或許也會覺得製造商以賺錢為唯一目標其實無傷大雅。

「人生終將一死，人們早已覺得理所當然，畢竟自己也在此間累積了許多事物。那只是在搬家而已。不僅是書籍，還有信件、紙張、紙頭、報紙數量、小盒子、大盒子、藥膏、粉狀物以及上千樣的工具。時不時，你這老傢伙，總想要從抽屜角落再次抽出那口紙袋。打開之後，發現其中裝著筆架或養生花茶，然後你就開始想著，究竟是想丟掉呢？還是繼續留著好呢？丟了吧，立刻，總是得向這些混帳道別的啊！」

——費肖爾（Friedrich Theodor Vischer）《另一個人》（*Auch Einer*, 1879）譯注1

譯注1　弗里德利希・特奧多爾・費肖爾（1807-1887），身兼德語作家、美學哲學家、詩人與劇作家的身分，以藝術哲學小說《另一個人》聞名於世。書中，世間種種無生命的物體與世人作對，作者藉此詮釋「惡意對象」的理論。該小說尚未有中譯版，而「Auch Einer」是書中敘事者在瑞士旅遊時所遇見的主要角色。由於對方不願透露其姓名，因此敘事者便以縮寫「A.E.（Auch Einer）」稱呼對方，也就是德語「另一人」的意思。

謝辭

這本書中彙整了我在二〇〇七年至二〇一二年間以消費理論為主題所發表的五十篇報告。我在那段期間走訪了許多專科學校、社團組織與交流協會，也面對報章雜誌的編輯群、學生、劇院、藝術社團、企業與博物館，才讓這些主題得以檢驗。我經常會帶著一組數量大約十到二十罐的沐浴乳一起旅行，也就是所謂的樣品，而這些產品將當今消費文化的特徵表露無遺。

我特別想要強調的另一件事，也就是自己從二〇一〇年至二〇一二年的五個學期間，在卡斯魯爾國立設計學院（Hochschule für Gestaltung）的課堂上延伸這些題材。我在那裡擔任在職進修班的「消費者學程」（Diplom-Konsumenten）的負責人。

本書中有若干篇章是我在過去發表的作品，多數皆於二〇〇六年六月至二〇〇九年三月間在《日報》（*taz*）的「商品顧客」專欄發表，其他部分則是交流協會或報告的集結，而所有章節都在準備出版的期間重新撰寫過。

感謝所有邀請我去演講、授課或撰寫稿件的朋友，此外也要感謝那些不吝提出批判問題，或是提供註解來協助我的朋友，讓我不至於在自以為是的思維中沾沾自滿。

最後要提名感謝的朋友有：莫里斯・巴斯勒（Moritz Baßler）、巴松恩・布洛克（Bazon Brock）、漢恩斯・杜魯（Heinz Drügh）、漢斯—喬治・弗格（Hans-Georg Füger）、馬庫斯・蓋茲恩（Markus Gatzen）、莫里茲・格克勒（Moritz Gekeler）、托比亞斯・格拉瑟（Tobias Glaser）、沃爾特・葛拉斯坎恩普（Walter Grasskamp）、漢斯・彼得・漢恩（Hans Peter Hahn）、魯伯特・賀夫曼（Rupert Hofmann）、丹尼爾・荷恩奴夫（Daniel Hornuff）、蒂娜・克洛普（Tina Klopp）、蘇珊・穆勒—伍爾夫（Susanne Müller-Wolff）、米夏拉・范登豪爾（Michaela Pfadenhauer）、比姬特・理查德（Birgit Richard）、史黛芬妮・申恩格（Stephanie Senge）與席貝爾・史賓格爾（Sibylle Springer）。

注釋

1 Hermann Muthesius: ›Die moderne Umbildung unserer ästhetischen Anschauungen‹, in: Ders.: *Kultur und Kunst*, Jena 1909, S. 39–75, hier S. 46, 67, 68, 74。

2 Wolfgang Fritz Haug: *Kritik der Warenästhetik*, Frankfurt/Main 1971, S. 7。

3 Ders.: ›Probleme der Vermittlung der Kritik der Warenästhetik‹, in: Ders. (Hg.): *Warenästhetik. Beiträge zur Diskussion, Weiterentwicklung und Vermittlung ihrer Kritik*, Frankfurt/Main 1975, S. 263–277, hier S. 265。

4 Naomi Klein: *No Logo! Der Kampf der Global Players um Marktmacht. Ein Spiel mit vielen Verlierern und wenigen Gewinnern*, Pößneck 2001, S. 81f。

5 Florian Illies: *Generation Golf. Eine Inspektion*, Berlin 2000, S. 145。

6 Max Imdahl: ›Barnett Newman. Who's afraid of red, yellow and blue III‹ (1971), in: Ders.: *Zur Kunst der Moderne*, Gesammelte Schriften, Bd. I, Frankfurt/Main 1996, S. 244–273, hier S. 248。

7 另見：Benvenuto Cellini: *Leben des Benvenuto Cellini, florentinischen Goldschmieds und*

Bildhauers, Frankfurt/Main 1965, S. 285, 315。

8 另見：Marina Belozerskaya: ›Cellini's Saliera. The Salt of the Earth at the Table of the King‹, in: Margaret A. Gallucci/Paolo L. Rossi (Hgg.): *Benvenuto Cellini. Sculptor, Goldsmith, Writer*, Cambridge 2004, S. 71–96, hier S. 84f。

9 Ebd., S. 85ff。

10 Wolfgang Fritz Haug, a.a.O. (Anm. 2), S. 62。

11 Heinrich Klotz: *Moderne und Postmoderne: Architektur der Gegenwart 1960-1980*, Braunschweig/Wiesbaden 1984, S. 134, 136, 156, 423。

12 Platon: *Politeia* (ca. 387 v. Chr.), Werke in acht Bänden, Bd. IV, Darmstadt 1971, 603a–608a。

13 Wolfgang Fritz Haug, a.a.O. (Anm. 2), S. 111, 120。

14 Benjamin Barber: *Consumed! Wie der Markt Kinder verführt, Erwachsene infantilisiert und die Demokratie untergräbt*, München 2007, S. 93。

15 Richard Sennett: *Die Kultur des neuen Kapitalismus*, Berlin 2005, S. 124。

16 Wolfgang Fritz Haug: *Kritik der Warenästhetik. Überarbeitete Neuausgabe*。*Gefolgt von Warenästhetik im High-Tech-Kapitalismus*, Frankfurt/Main 2009, S. 283.

17 Gotthard Heidegger: *Mythoscopia Romantica oder Discours von den Romanen*, Zürich 1698, repr. Bad Homburg 1969, S. 70, 13, 49, 81。

18 Eva Illouz: ›Emotionen, Imaginationen und Konsum: Eine neue Forschungsaufgabe‹, in: Heinz Drügh/Christian Metz/Björn Weyand (Hgg.): *Warenästhetik. Neue Perspektiven auf Konsum, Kultur und Kunst*, Berlin 2011, S. 47–91, hier S. 81。

19 http://www.dooyoo.de/toaster/siemens-tt-91100/1501349/。

20 http://www.ciao.de/Yves_Rocher_Creme_Duschbad_mit_Kokosmilch__Test_3003817。

21 http://www.ciao.de/Weleda_Citrus_Erfrischungsdusche__Test_3111508。

22 http://www.ciao.de/Duschdas_Snow_Star__Test_2143739。

23 Catherine Perret: ›Einleitung‹, in: JeanBaptiste Joly/Catherine Perret/Julia Warmers (Hgg.): *Fetisch + Konsum*, Stuttgart 2009, S. 27–32, hier S. 32。

24 Gotthard Heidegger, a.a.O. (Anm. 17), S. 41f。

25 另見：Barry Schwartz: *Anleitung zur Unzufriedenheit. Warum weniger glücklicher macht*, Berlin 2004。

26 Johann Adam Bergk: *Die Kunst, Bücher zu lesen nebst Bemerkungen zu Schriften und Schriftstellern*, Jena 1799, S. 65, 64, 63, 67。

27 Friedrich Schiller: *Über die ästhetische Erziehung des Menschen in einer Reihe von Briefen* (1795), in: Nationalausgabe, Bd. 20, hrsg. v. Benno von Wiese, Weimar 1962, S. 382, 399。

28 另見：Rainer Wick: »Der frühe Werkbund als ›Volkserzieher‹«, in: *100 Jahre Deutscher Werkbund 1907 | 2007*, Katalog Architekturmuseum der TU München in der Pinakothek der

Moderne, München 2007, S. 51–56。

29 Kai-Uwe Hellmann: *Fetische des Konsums. Studien zur Soziologie der Marke*, Wiesbaden 2011, S. 204。

30 另見：Han Fei Zi: *Wai Chu Shuo Zuo Shang* (um 250 v. Chr.), auf: http://chinesestoryonline.com/idiomstory/325-mai-du-huan-zhu.html. – Für den Hinweis danke ich Zhi Yang und Jianwei Tian。

31 Martin Lindstrom: ›Making Sense: Die Multisensorik von Produkten und Marken‹, in: Hans-Georg Häusel (Hg.): *Neuromarketing. Erkenntnisse der Hirnforschung für Markenführung, Werbung und Verkauf*, Planegg 2007, S. 157–169, hier S. 160。

32 Kristof Magnusson: *Das war ich nicht*, München 2010, S. 102f。

感謝羅斯（Daniela Roth）惠賜線索。

33 Ulrich Heinen: *Rubens zwischen Predigt und Kunst. Der Hochaltar für die Walburgenkirche in Antwerpen*, Weimar 1996, S. 76。

34 http://www.beautesse.at/Duft/Damenduefte/pureDKNY-Ver-bena.html。

35 另見：Stefan Kuzmany: *Gute Marken, böse Marken. Konsumieren lernen, aber richtig!*, Frankfurt/Main 2007, S. 157–183。

36 Zygmunt Bauman: *Leben als Konsum*, Hamburg 2009, S. 114, 127。

37 另見：Wolfgang Ullrich: *Habenwollen. Wie funktioniert die Konsumkultur?*, Frankfurt/Main 2006, S. 164–170。

38 另見：Eva Heller: *Wie Farben auf Gefühl und Verstand wirken*, München 2000, S. 48。

39 Norbert Bolz: *Das konsumistische Manifest*, München 2002, S. 99。

40 Aristoteles: *Rhetorik*, 1408a。

41 Marcus Tullius Cicero: *Orator*, XXI, 70f。

42 Florian Illies: *Generation Golf zwei*, München 2003, S. 164, 135。

43 Judith Levine: *No Shopping! Ein Selbstversuch*, Köln 2007, S. 37, 36, 49。

44 另見：Grant McCracken: *Culture and Consumption*, Bloomington 1988, S. 118–129。

45 另見：Elizabeth Shove/Matthew Watson/Martin Hand/Jack Ingram: *The Design of Everyday Life*, Oxford 2007, S. 34f。

46 Judith Levine, a.a.O. (Anm. 43), S. 49。

47 Arno Geiger: *Alles über Sally*, München 2010, S. 90, 75。

48 Norbert Elias: *Über den Prozeß der Zivilisation* (1936), Bd. 1, Frankfurt/Main 1976, S. IX。

49 同前揭：S. 171。

50 同前揭：S. 141。

51 Mimi Hellman: ›Furniture, Sociability, and the Work of Leisure in Eighteenth-Century France‹, in: *Eighteenth-Century Studies* 32/4 (1999), S. 415–445。感謝畢林（Simon Bieling）惠賜線索。

52 Norbert Elias, a.a.O. (Anm. 48), Bd. 2, S. 328f。

53 同前揭：S. 325f。

54 Daniel Miller: *Der Trost der Dinge* (2008), Berlin 2010, S. 9。

55 同前揭：S. 48。

56 同前揭：S. 207f。

57 Arnold Stadler: ›Die Kirche sollte im Dorf bleiben‹, in: *Die Tageszeitung*, 15. April 2006 (auf: http://www.taz.de/1/archiv/ archiv/?dig=2006/04/15/a0124)。感謝羅斯（Daniela Roth）惠賜線索。

58 Judith Levine, a.a.O. (Anm. 43), S. 49。

59 Norbert Bolz: ›Die frommen Atheisten‹, in: *Schweizer Monatshefte* 981 (2010) [http://www.schweizermonatshefte.ch/subscription_visitor/die-frommen-atheisten]。

60 Walter F. Otto: *Die Götter Griechenlands. Das Bild des Göttlichen im Spiegel des griechischen Geistes*, Frankfurt/Main 1947, S. 222, 167。

61 另見：Homer: *Odyssee* XVIII, 195f。

62 Ders.: *Ilias* V, 2ff。

63 Bruno Snell: *Die Entdeckung des Geistes. Studien zur Entstehung des europäischen Denkens bei den Griechen*, Hamburg 1946, S. 47。

64 Walter F. Otto, a.a.O. (Anm. 60), S. 182。

65 Werner Heisenberg: *Der Teil und das Ganze*, München 1973, S. 112f。

66 Robert Pfaller: *Das schmutzige Heilige und die reine Vernunft. Symptome der Gegenwartskultur*, Frankfurt/Main 2008, S. 69f。

67 Paul Veyne: *Glaubten die Griechen an ihre Mythen? Ein Versuch über die konstitutive Einbildungskraft* (1983), Frankfurt/Main 1987, S. 29。

68 Georg Wilhelm Friedrich Hegel: *Vorlesungen über die Ästhetik* I, Frankfurt/Main 1986, S. 297。

69 http://www.ciao.de/Milka_Geborgenheit__Test_3050520。

70 http://www.ciao.de/Milka_Geborgenheit__Test_3054114。

71 http://www.ciao.de/Adelholzener_Active_O2__Test_1939114。

72 http://www.ciao.de/Adelholzener_Active_O2__Test_1973410。

73 另見：Irving Kirsch: ›Specifying Nonspecifics: Psychological Mechanisms of Placebo Effects‹, in: Anne Harrington (Hg.): *The Placebo Effect. An Interdisciplinary Exploration*, Cambridge/

Mass. 1997, S. 166–186。

74 Gerald Zaltman: *How Costumers Think. Essential Insights into the Mind of the Market*, Boston 2003, S. 60。

75 Martin Lindstrom: *Brand Sense. Build Powerful Brands through Touch, Taste, Smell, Sight, and Sound*, New York 2005, S. 197。

76 另見：Baba Shiv/Ziv Carmon/Dan Ariely: ›Placebo Effects of Marketing Actions: Consumers May Get What They Pay For‹, in: *Journal of Marketing Research*, XLII/4 (2005), S. 383–393。

77 Hanns Bächtold-Stäubli/Eduard Hoffmann-Krayer (Hgg.): *Handwörterbuch des deutschen Aberglaubens*, Bd. 2, Berlin 1930, Sp. 1313 (Lemma ›feilschen‹)。

78 同前揭：Bd. 1, Berlin 1927, Sp. 833 (Lemma ›Bad, baden‹)。

79 Judith Levine, a.a.O. (Anm. 43), S. 13。

80 同前揭：S. 14。

81 Mark Boyle: *Der Mann ohne Geld. Meine Erfahrungen aus einem Jahr Konsumverweigerung* (2010), München 2012, S. 322。

82 另見：Anja Fell: *Placebo-Effekte im Marketing*, Wiesbaden 2010. – Ayla Özhan Dedeoğlu/Yeliz Ayangil: ›Does Brand Image Result in Placebo Effect? An Experimental Study on Soft Drinks‹, in: *Ege Academic Review*, IX/1 (2009), S. 61–72。

83 另見：Anja Fell, a.a.O. (Anm. 82)。

84 另見：Caglar Irmak/Lauren G. Block/Gavan J. Fitzsimons: ›The Placebo Effect in Marketing: Sometimes You Just Have to Want It to Work‹, in: *Journal of Marketing Research* XLII /4 (2005), S. 406–409。

85 另見：Wolfgang Ullrich: ›Ikonen des Kapitalismus – Moderne Kunst zwischen Markt und Transzendenz‹, in: Ders.: *An die Kunst glauben*, Berlin 2011, S. 90–113.

86 Bazon Brock: ›Zu einer Kultur diesseits des Ernstfalls und ihren Klinkenputzern‹ (1983), in: Ders.: *Die Re-Dekade. Kunst und Kultur der 80er Jahre*, München 1990, S. 125–298, hier S. 165。

87 Neil Boorman: ›Ich habe jetzt viel mehr Sex‹, in: *Stern-Journal* 41 /2007, S. 46–48, hier S. 48。

88 Ders.: ›Brandschrift‹, in: *Financial Times Deutschland*, 5. Oktober 2007, S. 1f., hier S. 2。

89 Ders., *Goodbye, Logo. Wie ich lernte, ohne Marken zu leben*, Berlin 2007, S. 52。

90 同前揭：S. 189。

91 同前揭：S. 37。

92 同前揭：S. 46。

93 同前揭：S. 188。

94 另見：Tyler Cowen: *In Praise of Commercial Culture*, Cambridge 1998。

95 David Wagner: *Vier Äpfel*, Reinbek 2009, S. 115。

96 另見：http://www.bptk.de/uploads/media/20120606_AU-Stu-die-2012.pdf。

97 引自：Joachim Radkau: *Das Zeitalter der Nervosität. Deutschland zwischen Bismarck und Hitler*, München 1998, S. 100。

98 Alain Ehrenberg: *Das erschöpfte Selbst. Depression und Gesellschaft in der Gegenwart* (1998), Frankfurt/Main 2008, S. 20。

99 同前揭，S. 306。

100 http://www.binauralbeats.de/produkte/motivation-energie。

101 另見：Ehrenberg, a.a.O. (Anm. 98), S. 252。

102 Susan Sontag: *Krankheit als Metapher. Aids und seine Metaphern* (1977/88), Frankfurt/Main 2005, S. 84ff。

103 另見：Werner Bartens: ›Du bist Dreck. Volkssport Fasten‹, in: *Süddeutsche Zeitung*, 27. Dezember 2011 (http://www.sueddeutsche.de/gesundheit/fasten-du-bist-dreck-1.1088563)。

104 Rudolf Steiner: ›Nervosität und Ichheit‹ (1912), in: Ders.: *Erfahrungen des Übersinnlichen. Die drei Wege der Seele zu Christus*, Dornach 1994, S. 9–28, hier S. 10f。

105 另見：http://www.weleda.de/Unternehmen/UeberWeleda/Geschichte。

106 另見：Lothar Gassmann: *Rudolf Steiner und die Anthroposophie*, Holzgerlingen 2002, S. 140ff。

107 Bruce Chatwin: *Traumpfade* (1987), Frankfurt/Main 1995, S. 222。

108 Beat Wyss: *Der Wille zur Kunst. Zur ästhetischen Mentalität der Moderne*, Köln 1996, S. 98。

109 Wassily Kandinsky: *Über das Geistige in der Kunst* (1912), Bern 1956, S. 43。

110 *Greenpeace Magazin* 4 /2007, S. 82。

111 Grüne Erde: *Inspiration. Der neue Wohn-Katalog 2007/08*, S. 2。

112 另見：Moritz Gekeler: *Konsumgut Nachhaltigkeit. Zur Inszenierung neuer Leitmotive in der Produktkommunikation*, Bielefeld 2012, S. 166–177。

113 另見：Wolfgang Ullrich, a.a.O (Anm. 37), S. 178ff。

114 Tanja Busse: *Die Einkaufsrevolution. Konsumenten entdecken ihre Macht*, München 2006, S. 30。

115 另見：Kendall J. Eskine: ›Wholesome Foods and Wholesome Morals? Organic Foods Reduce Prosocial Behavior and Harshen Moral Judgments‹, in: *Social Psychological and Personality Science*, Online-Publikation vom 15. Mai 2012, S. 1–5 (http://spp.sagepub. com/content/early/2012/05/14/1948550612447114)。

116 Jens Jessen: ›Verboten. Rauchen, trinken, fliegen – überall sollen unsere Freiheiten

eingeschränkt werden. Im Namen von Gesundheit und Umwelt eskaliert der Terror der Tugend‹, in: *Die Zeit* 13/2007, 22. März 2007。

117 Martin Tillich: ›Kampf gegen das Rauchen. Zigaretten: nach Schockbildern kommt jetzt die MarkenZerstörung‹, in: *Magazin*, 14.7. 2011。(http://www.utopia.de/magazin/kampf-gegen-das-rauchen-zigaretten-nach-schockbildern-kommt-jetzt-die-marken-zerstoerung-logofrei-australienusa).

118 Tanja Busse: *Die Ernährungsdiktatur: Warum wir nicht länger essen dürfen, was uns die Industrie auftischt*, München 2010, S. 43。

119 同前揭：S. 56。

120 Kathrin Hartmann: *Ende der Märchenstunde. Wie die Industrie die Lohas und Lifestyle-Ökos vereinnahmt*, München 2009, S. 321。

121 Zum Begriff ›Konsumbürger‹ 另見：Wolfgang Ullrich, a.a.O. (Anm. 37), S. 38, 183–193。

122 Nico Stehr: *Die Moralisierung der Märkte. Eine Gesellschaftstheorie*. Frankfurt/Main 2007, S. 11。

123 另見：Ronald Hitzler/Michaela Pfadenhauer: ›Diesseits von Manipulation und Souveränität. Über Konsum-Kompetenz als Politisierungsmerkmal‹, in: Jörn Lamla/Sighart Neckel (Hgg.): *Politisierter Konsum – konsumierte Politik*, Wiesbaden 2006, S. 67–89。

124 Lizabeth Cohen: *A Consumer's Republic. The Politics of Mass Consumption in Postwar America*, New York 2003, S. 8。

125 Naomi Klein, a.a.O. (Anm. 4), S. 313。

126 http://www.cosmoty.de/news/1660/。

127 ›Polieren Sie täglich Ihre Schuhe‹, in: *Welt am Sonntag*, 18. März 2007。

128 Jonathan Fischer: ›Meine Bank ist größer als deine‹, in: *Süddeutsche Zeitung*, 9. Februar 2007。

129 另見：Susanne Fliegner: *Der Dichter und die Dilettanten. Eduard Mörike und die bürgerliche Geselligkeitskultur des 19. Jahrhunderts*, Stuttgart 1991。

130 另見：Kate BingamanBurt: *Obsessive Consumption. What did you buy today?*, New York 2010, S. 2。

131 另見：http://katebingamanburt.com/daily-purchase-drawings。

132 http://www.flickr.com/photos/aknacer/2453798492/。

133 Stand Januar 2013。

134 http://www.flickr.com/groups/moleskinerie/。

135 另見：http://www.flickr.com/photos/horselatitudes/2231169120。

136 另見：Wolfgang Ullrich: *Was war Kunst? Biographien eines Begriffs*, Frankfurt/Main 2005, S.31–54。

137 另見：http://www.guardian.co.uk/media/2011/aug/17/jersey-shore-situation-abercrombie-fitch。

138 另見：Rupert Hofmann: *Trend Receiver – qualifizierte Visionskraft*, Göttingen 2011。

139 http://www.dooyoo.de/brotaufstriche/nutella/1402315/。

140 http://www.ciao.de/Nutella__Test_8435378。

141 http://www.dooyoo.de/brotaufstriche/nutella/586169。

142 http://www.ciao.de/Nutella__Test_3142262。

143 另見：http://www.flickr.com/photos/foxtrot-romeo/2233774599。

144 另見：http://www.flickr.com/photos/16818323@N05/4292453777。

145 另見：Gerald Zaltman, a.a.O. (Anm. 74)。

146 另見：Hubert Burda/Christa Maar (Hgg.): *Iconic Turn. Die neue Macht der Bilder*, Köln 2004。

147 Ludwig Wittgenstein: ›Vermischte Bemerkungen‹, in: Ders.: *Über Gewißheit*, Werkausgabe, Bd. VIII, Frankfurt/Main 1984, S. 503。

148 另見：David Wagner, a.a.O. (Anm. 95)。

149 另見：http://stephaniesenge.de. – Stephanie Senge: *Der starke Konsument. Ikebana als Wertschätzungsstrategie*, Nürnberg 2013。

150 Stephanie Senge: ›Ein starker Konsument muss wertschätzen‹, in: *Stephanie Senge.*

Konsumkonstruktivismus, Katalog 18m Galerie, Berlin 2011, S. 14f., hier S. 14。

151 另見：z.B. http://www.youtube.com/watch?v=XGUppxoJUVg。

152 Mimi Hellman, a.a.O. (Anm. 51), S. 428。

153 另見：Alexander García Düttmann: *Philosophie der Übertreibung*, Frankfurt/Main 2004. – Zum ArendtZitat。另見：同前揭：S. 148。

154 另見：Werner Sombart: *Liebe, Luxus und Kapitalismus. Über die Entstehung der modernen Welt aus dem Geist der Verschwendung* (1913), Berlin 1996, S. 192f。

155 http://www.forbes.com/sites/chunkamui/2011/10/17/five-dangerous-lessons-to-learn-from-steve-jobs/。

156 另見：Marcus Tullius Cicero: *De finibus bonorum et malorum* V, 74。

157 *Das Lalebuch*, Stuttgart 1971, S. 51。

158 另見：Tony Hsieh: *Delivering Happiness. A Path to Profits, Passion, and Purpose*, New York 2010。

159 Anita Roddick: *Die Body Shop Story*, München 2001, S. 81。

160 同前揭：S. 210, 214。

161 同前揭：S. 214f。

162 同前揭：S. 90。

163 Produktprospekt Patagonia, Herbst/Winter 2011, S. 22。

國家圖書館出版品預行編目資料

不只是消費：解構產品設計美學與消費社會的心理分析/沃夫岡・烏利西（Wolfgang Ullrich）著；李昕彥譯. -- 初版. -- 臺北市：商周出版：家庭傳媒城邦分公司發行, 民104.7
面；　公分

譯自：Alles nur Konsum: Kritik der warenästhetischen Erziehung

ISBN 978-986-272-837-6（平裝）

1. 消費者研究　2. 消費者行為　3. 美學

496.34　　104010920

不只是消費

解構產品設計美學與消費社會的心理分析

原著書名 / Alles nur Konsum: Kritik der warenästhetischen Erziehung
作　　者 / 沃夫岡・烏利西（Wolfgang Ullrich）
譯　　者 / 李昕彥
企劃選書 / 林宏濤
責任編輯 / 楊如玉、林宏濤

版　　權 / 林心紅
行銷業務 / 李衍逸、黃崇華
總 經 理 / 彭之琬
發 行 人 / 何飛鵬
法律顧問 / 台英國際商務法律事務所　羅明通律師
出　　版 / 商周出版
臺北市中山區民生東路二段141號9樓
電話：(02) 2500-7008　傳真：(02) 2500-7759
E-mail：bwp.service@cite.com.tw
發　　行 / 英屬蓋曼群島商家庭傳媒股份有限公司城邦分公司
臺北市民生東路二段141號2樓
書虫客服專線：(02) 2500-7718；(02) 2500-7719
24小時傳眞專線：(02) 2500-1990；(02) 2500-1991
服務時間：週一至週五上午09:30-12:00；下午13:30-17:00
劃撥帳號：19863813　戶名：書虫股份有限公司
E-mail：service@readingclub.com.tw
歡迎光臨城邦讀書花園　網址：www.cite.com.tw
讀者服務信箱E-mail：cs@cite.com.tw
香港發行所 / 城邦（香港）出版集團有限公司
香港灣仔駱克道193號東超商業中心1樓
E-mail：hkcite@biznetvigator.com
電話：(852) 25086231　傳眞：(852) 25789337
馬新發行所 / 城邦（馬新）出版集團　Cité (M) Sdn. Bhd.
41, Jalan Radin Anum, Bandar Baru Sri Petaling,
57000 Kuala Lumpur, Malaysia.
電話：(603) 90578822　傳眞：(603)90576622
E-mail：cite@cite.com.my

封面設計 / 廖勁智
排　　版 / 豐禾設計工作室
印　　刷 / 高典印刷事業有限公司
總 經 銷 / 高見文化行銷股份有限公司　電話：(02) 2668-9005
傳眞：(02)2668-9790　客服專線：0800-055-365

■2015年（民104）7月初版
■2020年（民109）10月16日初版3.5刷

Printed in Taiwan

定價 / 320元

城邦讀書花園
www.cite.com.tw